鹿鸣心理

西方心理学大师译丛

重新发现精神分析

思考与做梦，学习与遗忘

REDISCOVERING
PSYCHOANALYSIS:
Thinking and Dreaming,
Learning and Forgetting

〔美〕托马斯·H.奥格登 著

殷一婷 何雪娜 周洁文 译

THOMAS H. OGDEN

重庆大学出版社

前　言

　　本书主要阐述的是，通过关注自己特有的对患者进行思考、感受和回应的方式，精神分析师可以发展出自己的"风格"，也就是他开展精神分析实践的方式，这种方式是一个鲜活的过程，在很大程度上源自分析师的人格和个人经验。

　　从作者自身作为临床精神分析师、督导师、老师，以及阅读精神分析作品的读者的体验出发，本书致力于从这四个不同的角度来重新发现精神分析。首先，托马斯·H.奥格登讨论了在分析会谈中，他以"通过谈话做梦"的形式来全新地创造精神分析的体验；其次，在对精神分析督导和教学的探索中，他谈到如何以个人化的独特方式来对待每个被督导者和研讨会小组；最后，他通过对一些重要的精神分析作品进行精读，来继续他在本书中展开的重新发现精神分析之旅。在这部分，通过对比昂、罗伊沃尔德和西尔斯作品的探索、阐释和延伸，他也做出了具有自己原创性的理论贡献。

　　在本书中，托马斯·H.奥格登展示了如何在分析会谈中使分析师与患者之间的交流恢复活力和得以重生的方法，这使得本书成为精神分析师、精神分析取向的心理治疗师以及其他对精神分析感兴趣的读者不容错过的必读之书。

目　录

第一章　重新发现精神分析

　　我从六七岁起就意识到,精神分析是治疗总是感到不愉快或恐惧这样的心理问题的一种方式;但直到16岁时读到弗洛伊德(Freud,1916-1917)的《精神分析引论》,我才初次发现,精神分析是一系列关于我们如何成为我们自己的理念。我在这里使用了"发现"这个词,正是出自弗洛伊德这本导论性的系列演讲集中一句令我印象深刻的话:"我不会告诉你它(作为一种治疗方法的精神分析)是什么,而是坚持由你自己去发现它"(1916-1917,p.431)。要向读者引介精神分析,还有什么比邀请读者去发现(而不是被教导)更好的方式呢?

　　自从初次发现精神分析之后,我又花了很多时间来重新发现精神分析。在某个很重要的维度上,精神分析的发展历程只能以这样的方式度过。毕竟,无论是作为一套思想体系还是作为一种治疗方法,精神分析自始至终都是一个思考与再思考、做梦与再做梦、发现与重新发现的过程。

　　贯穿于这本书每一页的思想主线是这样一种观点:分析师的任务是在他或她所做的每一件事中重新发现精神分析,包括在每次分析会谈中,每次督导时,每次精神分析研讨会上,以及每次阅读精神分析著作时,等等。

对精神分析的重新发现需要思想上的自由和行动上的谦卑;需要不断革新以及全新的发现;需要独立思考,并且承认:

如果今天有人要对癔症及其心理基础(或者精神分析的任何其他方面)发表自己的见解,那么他无法避免大量地重复他人的思想……我要声明,在下面的几页里,我的原创只占很小的比例。

(Breuer and Freud,1893-1895,pp.185-186)

在这本书中,我将讨论我重新发现精神分析的体验中的三种相互重叠和交织的形式:(1)在与每个患者每次分析会谈的对话中创造出鲜活的精神分析;(2)在督导和教授精神分析的体验中重新发现精神分析;(3)通过阅读和写作精神分析作品和文学作品自己亲身"梦出"精神分析。尽管我将以上这三种形式的重新发现的体验各自作为单独的主题来进行讨论,但在讨论这些主题时难以做到泾渭分明:在讨论与患者的谈话时,关于督导的想法悄无声息地混了进来;精读精神分析作品的体验不请自来地进入了关于督导和教学的讨论中;而对文学作品的回应又出现在精神分析案例讨论中。事实上,在本章的各部分以及本书后续的各章节中,所有这三种重新发现精神分析的形式都是以相互对话的方式存在的。

在与患者谈话的体验中重新发现精神分析

与患者在一起并与之交谈,是让我有机会投入重新发现精神分析的工作并在其中承担责任(并在这个过程中,重新发现成为一名精神分析师意味着什么)的主要途径之一,或许可以说是最重要的途径。具体来说,我将与每个患者在每次分析会谈中创造鲜活的精神分析视为我的任务。在这种重新发现精神分析的形式中,一个至关重要的方面是,创造出独属于每个患者也独属于分析中那个特定时刻的谈话方式。当我说与每个患者以不同的方式谈话时,我指的不仅限于不自觉地使用不同的声调、节奏、用词、正式或非正式的表达等方面,我还指以一种特定的方式与另一个人在一起并与之交流,而这种方式不会出现在世界上其他任何两个人之间。

　　有某些时候会让我格外能意识到,眼前这个患者和我正在谈话的方式不同于我有生以来和其他任何人谈话的方式。在这些时刻,我强烈地感觉到自己何其幸运,可以花这么多时间与另一个人一起创造出种种方式,来谈论对他以及对我来说最重要的那些东西。在情感上和智力上,我被患者使用以及我使用自己的方式,这样的经历是我在生命中的其他时刻都不曾有过的。西尔斯对此做了很好的表达,他说的话包含了我常有但却往往没有勇气说出来、更别说写下来的一些感受和想法。在讨论自己在对一名精神分裂症患者的治疗过程中的体验时,他(用自己独有的方式)说(Searles, 1959),"当时我们静静地坐着,不远处收音机里正在播放一首温柔浪漫的歌,我突然感到这个男人[指患者]对我来说比世上其他任何人都要珍贵,连我妻子也比不上"(p.294)。(参见第八章,关于西尔斯对精神分析的这部分贡献以及其他贡献的讨论。)

　　需要很长时间,才能让一名分析师成熟到足以比较稳定地在与每个患者交谈时采用自己独特的方式,并且这种方式对于处在分析中那个特定时刻的那个特定患者也是独特的;据我的经验,这大约需要经历一二十年的全职临床实践。一名分析师首先必须深入透彻地学习精神分析技术,然后他才可以开始去"忘记它"——也就是说,亲身去重新发现它。在以我上面所描述的这种方式与患者交谈时,分析师需要格外留意分析设置。当我能够以这种方式与患者交谈时,我觉得自己已经不再对患者"进行解释"或提供其他任何形式的"分析干预",而与患者"只是说话"。按照我的经验,与患者"只是说话"通常涉及"说话简单",即以简单明了的方式说话,避免陈词滥调、术语行话,以及所谓"治疗性的"或其他"了知一切"的语调。

　　谈到这里,我想起最近的一次督导体验。一位经验丰富的分析师前来向我咨询,因为他在一个分析中感到"停滞不前"。他告诉我,他在分析中对患者做了各种各样的解释,但这些解释看来似乎没有一个对患者有任何价值。在他讲话时,我发现自己对这位分析师充满了好奇。他看起来"格格不入"但有种有趣而动人的姿态。他是在哪里长大的? 或许是南方,很可能是田纳西州。他从前曾是个什么样的小男孩? 也许有点迷失,总是做着对的事情,小心地隐藏起自己叛逆的个性。

　　我对这位分析师说,在我看来,他唯一还没有尝试的就是对患者说话。我建议他停止做解释,而是把患者看作一个怀抱着希望和恐惧相混杂的心情来找他、想要谈论生命中最令自己困扰的事情的人,尝试和她"只是说话"。他回应说:"你是说我应该停止对这个患者进行分析吗?"我回答说:"如果'进行分析'是指像一个已经知道该怎样分析的分析师那样去说话和倾听,那么,是的,我建议你停止。何不试试看,做一个不一样的分析师,不同于你过去和其他患者工作时的样子,看看会怎样?"

在这次督导结束时,这位分析师说他对如何继续与患者工作感到茫然。我认为,这样的回应是个好的迹象,表明这位分析师把我们的谈话听进去了。当六周以后我们再次见面时,这位分析师告诉我,在上次督导之后,他在与患者的分析会谈中是如此迷茫,以至于他发现自己说得很少。"不过,我用大量时间试图去发现自己有没有忽略什么重要信息,少说话有助于我厘清思路,但这样一次又一次全神贯注地倾听他的谈话让我精疲力竭。我发现自己开始害怕见这位患者了。"他接着对我说,在我们接受督导4周后的一次会谈开始时,他终于"放弃了",他问患者:"今天,你希望我在哪方面帮助你呢?"这位分析师说,患者看起来对这个问题感到惊讶,她回答说:"我很高兴你这样问。我一直觉得自己的分析极其失败,因此,长久以来我一直在犹豫要不要继续浪费你的时间。我就是不知道如何才能像你那样思考和说话。我在今天来之前,很害怕你会对我说,你要终止对我的分析。"患者沉默了几分钟,然后又说:"如果你真的想知道的话,我希望得到的帮助是如何做一个好母亲。我以前是个糟糕透顶的母亲。"

这位分析师告诉我,这是很长一段时间以来,第一次发现自己在分析中真正对患者所说的话感兴趣。这让我回想起在对他的第一次督导会谈中,我对这位分析师的好奇心与第一印象。事后回想起来,似乎我在通过"梦出"这位分析师,来回应他在"梦出自己"作为一个以自己独特方式存在的分析师方面遇到的困难。这位分析师对他的患者回应说:"我觉得在你尝试成为一个母亲的过程中充满了恐惧,这让你觉得自己是个糟糕透顶的母亲。我想,你发现尝试成为母亲跟就是一个母亲完全是两码事。我想,让你害怕的是,你不知道如何才能让自己自然而然地就是一个母亲。"

我对这位分析师说,在我看来,毫无疑问他和患者已经开始以不同于以往的全新方式对话了,而且我觉得他们两个人的这种对话方式很可能也与他们在各自生活中和其他人对话的方式不同。

在前文描述的这段分析师与患者的互动中,分析师必须先"放弃"做那个已经知道自己该怎样做的分析师,才能亲身去重新发现成为分析师的体验。一旦这样做,分析师就能够在自己内心腾出空间,允许自己对于怎么做分析师——怎样倾听,怎样和患者说话——感到困惑。患者显然也能够放松下来,因为她在意识和潜意识层面觉察到,分析师现在能够更好地以自己的方式去思考和讲话,并接纳自己是个"糟糕透顶的分析师"、不知道该怎么做的体验。只有在这个时刻,患者才能承认并谈论自己是个糟糕透顶的母亲的感受。当然,我所引用的内容并不是摘自患者和分析师的对话文字稿,而是我基于分析师对分析过程的描述构建出来的。这并不意味着我的研究方法存在固有的缺陷,相反,这是这种方法的一个重要元素,它有助于捕捉,关于在分析和督导中以及在分析体验与督导体验二者的相互关系中在潜意识层面发生的事情的某种真相(在第三章中,我将讨论精神分析督导体验中的这个方面)。

在讨论前文这段督导体验时,我在短语"梦出分析师"中用了"梦出"这个词。在梦出另一个人或自己的存在这种理念中蕴含着关于"梦出"的理论构想,这是本书后面所有内容的基础。我对"梦出"这个术语的使用是基于比昂(1962a)的思想,是指一个人对自己的情感体验所做的潜意识心理工作。这种梦出的工作是通过与人格的不同维度对话达成的,与人格的不同维度对话的例子有：弗洛伊德(Freud,1900)提出的潜意识和前意识心理，比昂(Bion,1957)提出的人格的精神病性和非精神病性部分，戈德斯坦(Grotstein,2000)提出的"做梦的梦者"和"理解梦的梦者"，桑德勒(Sandler,1976)提出的"梦工作"和"理解工作"，等等。当一个人的情感体验太过令人困扰，以至于他无法梦出这种体验(即对其做潜意识的心理工作)时，他就需要另一个人的帮助来梦出自己先前无法梦出的体验。在这种情况下，需要两个人一起去思考。这里的另一个人，在分析情境中是分析师，在督导情境中是督导师，在研讨会中是团体带领者和工作团体心智(Bion,1959)。

　　尽管在清醒时，我们很少觉察到自己在做梦，但事实上在睡眠和清醒的状态下我们都在持续地做梦。遐想(reverie,Bion,1962a；Ogden,1997a,b)和自由联想就是前意识醒着的做梦的形式。这种理论构想所说的做梦，并不是让潜意识意识化的过程(即使潜意识的衍生物变得可用于有意识的次级过程思维)，相反，它是让意识潜意识化的过程(也就是让有意识的生活经验用于丰富潜意识的心理工作)(Bion,1962a)。做梦是我们为自己的生活经验赋予个人化的象征意义的过程，正是从这个意义上说，我们梦出自己和他人的存在。进一步来说，当分析师帮助患者或被督导者去梦出他自己先前无法梦出的经验时，分析师也是在帮助患者或被督导者梦出他自己(作为个人或作为分析师)的存在。

　　在理解了对做梦的这种理论构想之后，我将讨论发生在我与某一类患者工作时所涉及的一种重新发现精神分析的形式，这类患者完全没有或几乎没有能力在分析情境中做醒着的梦(比如说自由联想)。在对这类患者进行分析并积累了多年的经验之后，我发现自己会(并非在意识层面故意地）与这些被分析者谈论书籍、戏剧、艺术展览、政治等话题，进入某种看似"非分析性的"谈话。我花了好些时间才意识到，这些谈话中的许多部分都构成了一种形式的醒着的梦，我逐渐开始把这理解为"通过谈话做梦"。这些谈话往往结构松散，其典型特征是混杂了初级思维过程和次级思维过程，并包含大量明显的不合逻辑之处。"通过谈话做梦"表面看来是非分析性的；但在我看来，在我正在讨论的这类分析中，这代表了一项重大成就，因为它通常是在这类分析中最先出现的一种让患者和我都感觉真实和鲜活的对话形式。

在与这类患者的工作中，随着时间的推移，"通过谈话做梦"成为分析关系互动中自然而然的一部分，并开始在不知不觉中发展为"谈论做梦"——也就是说，患者可以带着自我反省去谈论在分析关系和患者生活的（过去和现在的）其他部分中发生的事情，并且这两种谈话形式会不断地来回切换。这些患者体验到，现在自己更能够在一种体验到自己"醒来"的状态下，对自己的梦进行做梦、思考和谈论。一旦能够"醒来"，他们与自己的醒着的梦和睡梦之间的关系就会发生深刻的改变——他们能够开始将自己的梦视为个人化的象征意义的表达来对其进行思考。通过一起"发现""通过谈话做梦"，这些患者和我经历了对梦和自由联想的重新发现。

在精神分析督导和教学中梦出精神分析

对我来说,精神分析督导和在研讨会上教授精神分析一直以来都是让我重新发现精神分析的重要形式。我将精神分析临床实践以及分析督导和教学都看作某种形式的"在引导下做梦"(Borges,1970a,p.13)。在分析督导以及在研讨会上的案例呈报中,督导师与被督导者双方以及研讨小组的任务是,对于那个正在讨论的分析,"梦出"其中的患者。案例呈报中的患者并非在分析师的咨询室里躺在躺椅上的那个人,而是一个虚构人物,是被督导者或案例呈报者在呈报案例的过程中创造出来(梦出)的故事中的人物。不要把创造"虚构人物"和说谎混为一谈。事实上,就我使用这两个术语的意义而言,这二者恰恰相反。由于分析师无法把患者直接带到与督导的会谈中或带到研讨会上,所以他必须用文字创造出一个虚构人物,来传达他与患者待在一起时所体验到的情感真相。

从这个角度来看,案例呈报者有意识地和潜意识地通过讲述以及直接展示来让督导师(或研讨小组)了解,自己对分析中发生之事做梦(进行意识和潜意识的心理工作)的能力遇到了瓶颈。督导师和研讨小组的功能是帮助分析师梦出,他与患者在一起的体验中那些他之前无法梦出的部分。

尽管我已反复多次参与和患者、被督导者或案例呈报者一起做梦的体验，每一次我依然对发生的心理事件感到极其惊讶，并且每次我都重新发现了投射性认同的概念。投射性认同的核心是关于一个人如何对另一个人无法独自思考/梦出的体验参与一起去思考/做梦的理论构想。在过去35年中，我一直在重新发现这个概念。

作为本节的结尾，下面我将根据自己作为精神分析督导师和精神分析教师的体验来简要谈一谈，在这两个领域中对精神分析的持续发现和重新发现。这些重新发现的体验中的第一点，我曾在本章前面提到过，涉及我对督导师和研讨会带领者的角色的认识，那就是他需要协助被督导者或研讨会成员超越他们已经学到的关于精神分析的知识，从而能够真正开启以自己的方式成为精神分析师的历程。

这些持续发生的重新发现的体验中的第二点是：我认识到，在我教授精神分析的方法中极其重要的一点是，对于要学习（精读）的精神分析作品或文学作品，采用逐行、逐句直至将全文朗读的方式。在本章的下一节中，我将向读者展示，如何精读一小段文章。我发现，以这种方式大声朗读文章，能让我和研讨会成员听到并感受到，与所朗读的文本内容密不可分的情感效应，是如何通过每个词语的发音、讲话者的声音、作者对用词的选择、句子的节奏和构造等因素共同营造出来的。当我们听到句子被大声朗读出来时，会很清楚地发现，词语不仅仅是思想理念的载体。更重要的是，无论是一篇精神分析作品、一首诗歌、一个短篇故事，还是患者在等候室里对分析师说的话，或是分析师对患者梦的回应，在这些作品或情境中所使用的词语，都并非简单地只是为了再现作者/讲述者的体验，它们还在被阅读/讲述/听到的过程中，创造了某种全新的体验。

精神分析阅读和写作作为"梦出"精神分析的形式

写作讨论精神分析作品、诗歌和其他虚构文学作品的文章,对于我作为一名分析师的成长至关重要,并且这也是我持续重新发现精神分析的重要途径。在本书中,我将提供对以下作品的精读:罗伊沃尔德和西尔斯的精神分析作品;比昂主持的临床研讨会的记录稿;莉迪亚·戴维斯的一篇短篇小说中的一段;对德里罗和库切的小说的评论;以及电影《抚养亚历桑纳》[1]中的一段独白。在对以上这些内容的讨论中,我不是在简单地阐述罗伊沃尔德、西尔斯、比昂等人的作品。我是在亲身"梦出"这些作品,并邀请读者也这么做,去亲身梦出我正在解读的这些作品以及对这些作品我"梦出"的版本。当我说"梦出"一篇文章时,我指的是进行意识和潜意识的心理工作,来就正在阅读的文章创造出一些属于自己的东西。在这个过程中,正在阅读的那篇文章是一个起点,由此读者可以展开一些创造性活动,这些创造性活动是他自己独有的,并且反映了他"特有的心理状态"(Bion,1987,p.224)。

当我开始就一篇精神分析作品进行写作时,我对文章所讨论的那个精神分析议题只有模糊的想法。我通过写作过程来发现自己的想法。我追求的境界是,在我写作精神分析文章时,能够做到在某种程度上类似于格伦·古尔德(Gould,1974)想要对自己演奏的每一首乐曲所做的那

1　又译为《宝贝梦惊魂》。——译者注

样：“我再创作了这些作品。我把表演变成了创作。”同样地，在就某一篇精神分析作品（例如，在第五章、第七章和第八章分别讨论的比昂、罗伊沃尔德和西尔斯的个别作品）或某位分析师的工作（第六章中关于比昂的思考理论）进行写作时，我试图把对这些作品的批判性精读和写作评论变成创作，将作者的发现变成我自己的发现。我的发现，我"梦出"这些文章的方式，与作者的发现/梦有所不同，有时甚至是对立的。

我要在这里阐述一下我是如何使用"做梦"这个术语的。在清醒时，我们的理性思维在很大程度上受限于顺序、因果关系和次级过程的逻辑。而在睡梦中，我们能够进行另一种远比这深刻得多的思考。在做梦时，一个人"能够自由地想象……这在[他]醒来时是不能做到的"（Borges，1980，p.34）。在做梦时，我们能够同时从多个角度（和多个时间点）看待某个情境。

梦中的一个人物或情境可能包含做梦者一生中关于一个人或许多人的体验——包括真实的体验以及想象中的体验。做梦者有机会对那个情境进行重新加工——以这种方式或那种方式，从这个角度或从那个角度，单独地或者组合起来。做梦者在梦中呈现某个情境时会带入他自己最原始和最成熟的部分，并且最重要的是，自我的这些不同维度之间以一种可以相互转化的方式进行交流。

我们在睡着时所做的梦是对清醒时体验的重新发现，这种重新发现不仅阐释了那部分生活体验，还将其转化为某种新的东西，对此我们可以做潜意识心理工作。这种心理工作（做梦的工作）是我们依靠清醒时的思考这种更受局限的方式所无法企及的。

以这种关于做梦的扩展性理论构想为框架，有助于读者更好地理解我所说的在阅读和写作的过程中梦出某篇文章是什么意思。在我就罗伊沃尔德(Loewald,1979)的文章《俄狄浦斯情结的消退》(见第七章)进行写作时,我不仅关心罗伊沃尔德的想法是什么,我还对自己能对罗伊沃尔德的作品做些什么感兴趣。我们可以这么说,罗伊沃尔德有一个梦思,他写这篇文章的行为就是在梦出这个想法(梦思)。一旦他的梦/文章被梦出/写出,就成了一个"梦思",让我有机会通过阅读这篇文章和就此进行写作来做梦。在多大程度上我能通过我自己的梦的形式来梦出("再创造")罗伊沃尔德的文章,我才在多大程度上有理由让读者来阅读我的作品,而不只是阅读他的文章并停留在那里。

　　谈到梦出精神分析作品,我想起了博尔赫斯的评论:"梦……问了我们一些东西,而我们不知道该如何回答;梦给了我们答案,让我们感到很吃惊"(Borges,1980,p.35)。我们从以批判性阅读和写作来做梦的过程中获得的"答案",并非对一个谜题的解答,它本身就是创造性行为的开始。而且,我相信当博尔赫斯说"梦……问了我们一些东西"时,他是在暗示梦会向我们要一些我们自己的东西。例如,当我们把一篇精神分析作品看作一个梦思时,它就是一个想法,有待具有批判性眼光的读者或作者去梦出。当梦思是一篇精神分析作品时,"答案"(更准确地说是回应)就是读者或作者以自己的方式重新发现它。

　　为了阐明我所说的"阅读和写作是做梦的形式"是什么意思,我将简要讨论莉迪亚·戴维斯(Davis,2007)的短篇小说《你从(这个)婴儿那里学到了什么》结尾处的几句话:

　　　他(这个婴儿)是多么地能利用自己有限的能力,来为自己负责……

他是多么地能利用自己有限的理解力，来对周遭保持好奇心；他是多么地能利用自己有限的行动力，来试图接近引起他好奇的事物；他是多么地能利用自己有限的智力，来撑起自己自信心；他是多么地能利用自己有限的胜任力，来尽其所能地掌控；他是多么地能利用自己有限的注意力，来从他面前的另一张脸上得到满足；他是多么地能利用自己有限的力量，来满足自己的需要。

（Davis，2007，p.124）

　　这个故事的标题《你从（这个）婴儿那里学到了什么》概括了这篇文章后面所有的文字，包括我引用的这几行文章末尾的文字。这是一个了不起的标题，不是因为它说出来的东西，而是因为它克制地未说出来的东西。事实上，这个标题的每一个词语都参与制造了这种多少有些怪异的情感抑制：什么（你还能想到比这更含糊不具描述性的词吗？）、你（本来应该用"我"的地方，出人意料地用了一个没有确定指代对象的代词）、从……那里学到（与"从……那里学习"相比，后者"了解、知道"的意思更少）、这个（不是物主代词"我的"或"你的"，而是没有确定指代对象的代词）、婴儿。

　　尽管这样使用语言会营造出一种冰冷的感觉，但文章末尾的这些话语却相当优美。这个排比句由七个分句构成，每个分句全都有相同的词语"多么地"，每个分句结构大致相同，读起来朗朗上口，有种摇篮曲的旋律和节奏[1]。但这不是普通的摇篮曲。在这些分句中，词语被缜密地编排，例如，"负责"这个词被"有限的能力"这个词约束着，而"好奇心"这个词被"有限的理解力"这个短语小心地修饰着。

另外，这不是个普通的母亲。（读者从未被告知，叙述者是不是个母亲，或者叙述者是男还是女。在我对故事中存疑的部分做出猜测时，我会用问号来标记。）在叙述者（母亲？）精雕细琢的语言描述中，她（？）时而紧紧抱着婴儿，或是把婴儿放在一臂远的地方逗他开心；时而温和而敏锐地观察婴儿，保持着情感上的距离；时而又把自己奉献给婴儿，或许同时更多的是把自己奉献给"对这个婴儿"的描写。

这段文字以及这整个故事，提出了一个问题，但这个问题从未被明确表达出来："这个叙述者是一个身为作家的母亲，还是一个身为母亲的作家？"毫无疑问，答案是两者皆对，但这并不能解决由于写作而引发的情感问题：叙述者是如何做到既是一个纯粹的作家（通过读这段文字，我认为毫无疑问是这样），又是一个纯粹的母亲的（对此我有些怀疑）？

叙述者至少是部分成功解决了这个情感问题，她的解决方案是接受自己作为一个母亲的陌生感和奇异性——什么样的母亲会让自己在谈论婴儿时说"这个婴儿"（而不是"我的婴儿"），而且还用如此精细的解析性语句来描述她的（？）婴儿（？）对她（？）自己的陌生感和奇异性（反映在她用轻松优雅的语句来描写如此奇怪的做母亲的方式）的接受，似乎使

1　由于中英文语法差异，翻译后的中文句子尽可能保留了原文的结构，但词语顺序和原文略有不同。——译者注

她(?)也能接受她的(?)婴儿的陌生感和奇异性——婴儿确实是让人感觉非常陌生和奇异的生物。

在这位母亲(?)从她的(?)婴儿那里得到的喜悦中,含有一种对他(婴儿)的生活处境饱含反讽意味的深切欣赏之情:"他是多么地能利用自己有限的胜任力,来尽其所能地掌控。""来尽其所能地掌控"这个短语带有双重含义,它既能表达一个疑问(有多大程度的掌控力?),也能表达一种欣赏(多么地……,来……掌控!)。无论作为一个表达疑问的句子还是表达欣赏的句子,当"掌控力"这个词撞上了"利用自己有限的胜任力"这个短语,会令人感到既笨拙又幽默。在我看来,作者在这里使用这种反讽的表达方式传达了:这位母亲(?)的写作能力为她(?)提供了一个心理/文学上的避难所,一个当她(?)需要离开她的(?)婴儿去休息时可以去的地方,这个地方是婴儿无法想象也不被邀请进入的。

在我看来,通过分析这个排比句的句子成分,读者对母子互动关系有了最深入的理解:"他是多么地能利用自己有限的力量,来满足自己的需要。"力量[1]这个词(这篇文章的最后一句话里面的词)的使用令人惊讶——带着阴暗不祥的意味。它与前面六个分句中分别处于类似位置的词:"能力""理解力""行动力""智力""胜任力""注意力"形成了鲜明的对比。"力量"这个词打破了之前一直占主导地位的那种相互约束的规则:一切和平协约都被撕毁了,母亲(?)和婴儿之间(或是作者和读者之间)再也没有了先前的"相互谅解"。婴儿会不惜一切地去满足他的需

---

1 force,指凭借强力或暴力来达到目的。——译者注

要。不会有任何妥协；避难所是不存在的，没有地方可以（让叙述者）离开婴儿获得暂时的喘息。

这段文字所蕴含的微妙复杂的感受和声音，让我觉得几乎不可能用自己的语言来复述它。我对这段话的回应是体验到，我在写作/梦出它的过程中，重新发现了"原初母性贯注"（Winnicott，1956），以及母亲对婴儿健康的恨和分析师对患者健康的恨（Winnicott，1947）；也体验了一次精神分析式的"倾听训练"（Pritchard，1994）。并且，也许最重要的是，我还体验到，自己对巧妙运用语言所创造出的非凡的美和力量产生的情感上的响应，并基于它创造出一些我自己的东西。

现在我将把这项工作留给读者，去梦出这本书，梦出我的梦思，在阅读体验中创造出一些属于你自己的东西。

第二章　论通过谈话做梦

"婶婶,跟我说说话! 我很害怕,因为太黑了。"婶婶回答说:"这有用吗? 你又看不到我。""这不重要,"孩子回答道,"只要有人说话,就有了光。"

(Freud,1905,p.224,n.1)

我认为,获得某种精神分析性的理解的基础是,分析师必须与每个患者一起再创造精神分析。这种再创造在很大程度上是通过在精神分析情境的设置下持续进行试验来实现的。在这场试验中,患者和分析师创造出一种特定的谈话方式,这种方式无论是对处在当前分析中的这两个人还是对这场分析中的这个特定时刻都是独一无二的。

在本章中,我将主要讨论由患者和分析师一起创造出来的那些乍一看似乎是"非分析性的"谈话,因为他们谈论的是诸如书籍、诗歌、电影、语法规则、词源学、光速、巧克力的味道这样的话题。但这仅仅是表象,我的经验是,这种"非分析性的"谈话常常会让原本无法一起做梦的患者和分析师能够一起做梦。我将这类谈话称为"通过谈话做梦"。通过谈话做梦类似于自由联想(而不像日常的谈话),往往包括相当多的初级思维过程(从次级思维过程看来)和明显的不合逻辑之处。

当分析处在"自发进展中"(going concern,Winnicott,1964,p.27)时,患者和分析师能够各自并且共同进入做梦的过程。在患者的梦和分析师的梦这二者的"重叠"之处是分析发生的地方(Winnicott,1971,p.38)。在这样的情况下,患者的梦呈现为自由联想的形式(或者,如果是儿童分析,则呈现为游戏的形式);分析师的醒着的梦常常以遐想体验的形式出现。当患者无法做梦时,这种困难就成了分析中最紧迫的议题。本章要着重讨论的正是这样的情境。

我认为做梦是心灵最重要的精神分析功能:哪里有潜意识的"梦工作"在进行,哪里就同时有潜意识的"理解工作"在进行(Sandler,1976,p.40);哪里有潜意识的"做梦的梦者"(Grotstein,2000,p.5),哪里就同时有潜意识的"理解梦的梦者"(p.9)。如果不是这样,那么只有在分析情境或自我分析中被想起来并对其进行了解释的梦才构成心理工作。恐怕当今已经没有多少分析师会认同,只有被想起来和解释了的梦才能促进心灵成长这种观点了。

分析师参与到患者通过谈话做梦的过程,是一种精神分析特有的与患者在一起的方式。这个过程总是由分析师的任务所引领的,这个任务就是帮助患者更充分地活在自己的体验中,成为更完整的人。通过谈话做梦的体验不同于其他一些表面看起来与之类似的谈话(如夫妻之间、亲子之间或兄弟姐妹之间进行的无关紧要的谈话,或者也包括相当重要的谈话)。通过谈话做梦(这种谈话方式)的特别之处在于,参与这种谈话的分析师会持续地对围绕这一情感历程的两个层面进行观察和自我对话:(1)患者在梦出自己鲜活情感体验的过程中,逐渐开始获得的通过谈话做梦的体验;(2)就上述做梦的过程中所面临的情感情境的意义逐渐获得理解的体验,分析师和患者一起进行思考并时而加以讨论。

下面,我将提供两个通过谈话做梦的临床案例。第一个临床案例是关于患者和分析师之间谈话的方式,代表了一种做梦的形式,得以由此梦出患者的(从某种意义上说,也是她父亲的)经历中她自己先前几乎完全无法梦出的一部分。而在第二个临床案例中,患者和分析师展开了某种形式的通过谈话做梦,在这个过程中分析师参与了患者试图"梦出自己"梦出自己的存在"的最初尝试。

理论背景

本文的理论背景是基于比昂(Bion,1962a,b,1992)的理论构想,他对关于做梦和无法做梦的精神分析理论进行了彻底的改写。犹如温尼科特将精神分析理论与实践的关注点从游戏(作为儿童内心世界的象征性表征)转向做游戏的体验,比昂则将关注点从思想的象征性内容转向了思维的过程,从梦的象征意义转向了做梦的过程。

比昂(Bion,1962a)认为,"α功能"(指一种未知的,或许是不可知的一系列心理功能)将原始未经加工的"与情绪体验相关的感官印象"转化为"α元素",它们能够彼此联系起来形成承载情感的梦思。梦思呈现了一个令人挣扎的情感问题(Bion,1962a,b;Meltzer,1983),从而为做梦(也就是潜意识思考)的能力的发展提供了动力。"思想[梦思]需要相应的心理装置来进行处理……思考[做梦]是随着处理思想[梦思]的需要而产生的"(Bion,1962b,pp.110-111)。在α功能(无论是由自己或由他人来提供)欠缺的情况下,一个人无法做梦,因此也无法利用自己过去和现在亲身经历的情感体验(对其做潜意识的心理工作)。因此,一个无法做梦的人将被困在一个永无止境、一成不变的世界里。

　　无法梦出的体验可能源于创伤——极度痛苦以至于令人无法承受的情感体验,如父母早逝、子女死亡、战争体验、被强奸或被监禁在死亡集中营等;也可能来自"内心的创伤"——也就是被意识和潜意识幻想所淹没的体验。后一种形式的创伤可能源于母亲未能充分地抱持婴儿并涵容其原始焦虑,或者是由于先天器质性的精神脆弱,个体即便在婴儿期和童年期已经得到称职的母亲的帮助,依然无法梦出自己的情绪体验。无法梦出的体验——无论主要是出于外在还是出于内在因素作用——都使得个体那些"尚未梦出的梦"持续地以心身疾病、分裂的精神病状态、"无情感"状态(McDougall,1984)、零星的自闭症状(Tustin,1981)、严重倒错(de M'Uzan,2003),以及成瘾等形式存在。

　　这种对做梦和无法做梦的理论构想,是我自己对作为一种治疗过程的精神分析进行思考的基础。我在以前的文章中曾说过(Ogden,2004a,2005a),我将精神分析看作患者和分析师在分析设置内共同进行试验性探索的体验,分析设置的创建旨在创造条件,使得被分析者(在分析师的参与下)有可能梦出先前无法梦出的情感体验(他的"尚未梦出的梦")。我将通过谈话做梦看作以结构松散的谈话形式(几乎可能涉及任何主题)进行的一种即兴创作,在这个过程中,分析师参与了患者梦出先前尚未梦出的梦的过程。由此,分析师帮助患者更充分地梦出自己的存在。

两个分析的片段

下面我将向读者提供关于我与两位患者分别进行分析工作的临床描述,这两位患者梦出自己情感体验的能力都严重受限,体现为难以进行自由联想或以其他形式做梦。在这两段分析中,在分析师的参与下,两位患者最终都能够开始以"通过谈话做梦"的形式来真正地做梦。

通过谈话梦出先前尚未梦出的梦

L女士是一位非常聪明且多才多艺的女人,她开始接受分析是因为深受强烈恐惧的折磨,她害怕7岁的儿子亚伦会生病死掉。她一度陷入几乎无法忍受的对死亡的恐惧中以至于持续数周处于丧失日常生活能力的状态。并且她觉得丈夫非常以自我为中心,因此如果她有什么事,他是无法照顾他们的儿子的,这使得她对死亡的恐惧更加严重。在分析的前几年中,L女士的全部心思都是对儿子的担忧和对自己死亡的恐惧,以至于她几乎所有的就诊时间都在谈论这个话题。患者生活的其他方面似乎对她来说没有任何情感上的意义。将患者来找我做分析的目的看作帮助她去思考自己的生活,这种想法看起来几乎毫无意义——她每天来见我,只希望我能将她从恐惧中解救出来。L女士在睡梦中的体验几乎都是不是梦的"梦"(Bion, 1962a;Ogden, 2003a),也就是说,她经历了不断重复的梦境和梦魇,在梦里她无力阻止一个又一个灾难的来临,并且经过这些一再重复的梦之后,她不会发生任何变化。而我自己的遐想体验也非常稀少,并且难以用来进行心理工作(参见 Ogden,1997a,b,详细讨论了如何对遐想体验进行分析性的使用)。

这段分析从一开始,患者说话的方式就与众不同。她间歇性地突然蹦出一堆一堆的话语,仿佛要随着每一次呼吸吐出尽可能多的话语。我觉得似乎 L 女士害怕自己随时都会喘不过气来,或者被我突然打断,告诉她我听够了,再也受不了她多说一个字了。

在我们的分析开始进入第二年时,患者似乎对于我能帮助她这一点彻底失去了希望。她在我说话之后,几乎总是毫不停顿地马上回到她之前暂时被我打断的思路,继续原来的话题。她似乎根本不关心我所说的话——或许是因为,几乎是从我一开口,她就能从我说话的语调和节奏中听出来,我将要说的话里不包含她想要的解救。对于自己体验到的恐惧与绝望相混杂的感受,患者的应对方式是用一堆又一堆的话语像洪水一样泛滥在当时那些分析会谈中,这样做的结果是淹没了任何可以(让她以及我)真正去做梦和思考的机会。在那段时间的某次会谈中,我对 L 女士说,我觉得,她几乎感觉不到自己,以至于无法以自己作为有效的实体去通过思考和谈话获得改变(我当时想到,她讲话时无法保持句子和段落的完整,而总是会把话语分解成碎片。她希望我提供的解救,是她可以想象的让自己的生活发生改变的唯一方式)。在我提出这个观察后,患者在回到先前话题继续讲之前,比往常稍稍多停顿了一下。我评论说,她肯定觉得我刚才说的话对她没用。

在我后面将要描述的这次会谈几个月前,患者讲话的方式已经变得不那么急迫了。她第一次能够去谈论关于自己童年经历的感受。而在那之前,患者似乎觉得,除了努力去"应付问题"以防止自己发疯之外,自己没有"时间"(即心理空间)去思考和谈论其他任何事情。患者对死亡的恐惧和对亚伦的担忧减弱了,以至于这是自从亚伦出生以后的第一次,她又能阅读了。阅读和文学研究曾是患者在大学和研究生期间的一大爱好。但在她完成博士论文之后没过几个月,亚伦就出生了。

　　我要讨论的这次会谈发生在某个星期一,患者在那次会谈一开始就告诉我,周末她重读了J.M.库切的小说《耻》(Coetzee, 1999)(在之前这一年的分析中,我和L女士曾简要地谈及库切的工作。和L女士一样,我也对库切这个作家非常赞赏,这一点无疑在我们之前进行的那次简短交流中表现出来了)。L女士说:"这本书以种族隔离后的南非为背景,有些东西吸引我又去重读。故事的叙述者(一位大学教授)试图通过与他的一位学生发生性关系来找回自己的生活——如果他曾经有过的话。故事的走向似乎是必然的,女孩告发了他,而他拒绝为自己辩护。他的朋友和同事都劝他向学术委员会忏悔,哪怕只是走个过场,但他就连装装样子也不愿意。于是他被解雇了。好像他觉得自己的一生就是个耻辱,而这件事只是这种耻辱的最新证据,对此他无法反驳也不想反驳。[1]"

1　小说《耻》的主人公是52岁的南非白人戴维·卢里,开普敦技术大学的教授。他和一位大学二年级黑人女学生梅拉妮发生了性关系,大学要求他做检讨公开批评自己的错误,但他拒绝了,结果被开除,他只好和25岁的女儿露西一起生活。不久后,露西的农场遭到了三个南非黑人的抢劫,她还被强奸而怀孕,最后成了黑人雇工的小老婆。——译者注

尽管患者依然是以她惯有的方式在讲述(蹦出一堆一堆的话语),但显然有一种变化在发生:L女士的声音里充满了真实的活力,并且她没有谈论对亚伦的安全或对自己的健康的担忧,而是在讲别的东西(我要提醒读者,这个变化并不是在我正在讲述的那次会谈中突然出现的全新的东西,而是在几年的分析过程中逐渐发展起来的,一开始只是有时说一句幽默风趣的话,有时出乎意料又说一句令人欣喜的俏皮话,偶见做一个有少许活力的梦,或是异常有活力的遐想。慢慢地,这些零星的事件成了一种自然而然的存在方式,并以我在这里描述的方式逐渐成形,变得鲜活起来)。

我没有告诉患者我的想法,即我认为她在谈到故事的叙述者时,或许也是在向她自己和向我讲述她自己的某种心理冲突——也就是说,她自己的一部分(这部分认同叙述者的拒绝撒谎)似乎与另一部分(对于这部分的她来说,由于对死亡的恐惧而排除了进行真正思考、感受和谈话的可能性)发生了冲突。如果我对L女士说这些,无异于是在她很可能是第一次在分析中能够做梦时,把她从做梦的体验中唤醒,告诉她我对她的梦的理解。尽管没有说出口,但我认为无声地对自己做这样的解释是很重要的,因为正如我们将会看到的那样,当时我正在做着与L女士非常相似的事情,那就是我也在逃避思考和感受。

我对L女士说:"在我读过的所有书中,库切的《耻》这本书里发出的声音,是最为不动声色的。他在每一句话中都明确地表达了,他反对试图对任何人类体验含糊其词的做法。一个体验就如其所是,不多也不少。"当我这样说时,我感觉自己似乎与这位患者一起在创造一种新的思考与交谈方式,这种方式是在我们之前的分析互动中不曾有过的。

令我有些惊讶的是,L女士接着这个话题继续说道:"在他书里的人物之间以及这些人物身上发生的一些事情——不论这些事情有多可怕——都是那么奇怪地合情合理。"

这时,我说了一些即便在当时我也觉得不合逻辑的话:"你可以在库切早期的作品中了解作者本人,他还不知道自己是个作家,甚至也不知道自己是个人。他很笨拙,一会儿试试这个,一会儿又试试那个,有时我也会和他一起感到笨拙。"(我觉得,我在这里用"和他一起"这样的表述,比用"为他"能更好地表达在那次会谈中我和L女士在一起的感受。我把重点放在了我自己感受到的以及我觉得患者感受到的自我意识,这是我对我们努力以这种新方式谈话/思考/做梦时的尴尬的回应。)

L女士接下来说的话再一次明显地不合逻辑,她说:"即使在叙述者的女儿遭到强奸和她非常喜欢的狗被射杀之后,叙述者还是找到并抓住了自己残存的人性碎片。在帮助兽医对那些无人可依也无处可去的狗实施了安乐死之后,他试图保护它们的尊严,避免它们的尸体像垃圾一样被弃置。他确保自己那天一早就到场,亲自把尸体送进火化炉里,而不是交由工人处理。他不忍心看到工人用铲子弄碎狗僵直的四肢。那些僵直地展开的四肢让尸体很难进入火化炉的入口。"L女士说话的声音里带着悲伤和温暖。患者讲话时,我想起自己与一位挚友谈话的情境,当时他刚出院,几乎可以说是死里逃生。他告诉我,他从这段经历中学到了一件事:"死并不需要勇气。死就像待在传送带上,等它把你带到终点。"他补充说,"死太简单了,你不用做任何事情。"我记得听他这么说时我自愧不如,钦佩他住院期间面对死亡时依然保有尊严,以及他在身心都疲惫的情况下,运用讽刺、幽默让自己不被这样的经历压垮。

我再次把注意力聚焦到 L 女士身上,对于她谈到的处理狗的尸体的这部分(以及她在谈论时流露出的同情),我回应说:"叙述者(对于狗的火化)坚持这小小的举动,即便知道自己所做的事情是如此微不足道,甚至无法被世界上的其他任何人或任何事物所觉知。"当我这样说时,我开始思考(以一种在这段分析中对我来说全新的方式)L 女士在生命中经历的那些可怕的死亡对她的影响。在分析初期,患者就告诉过我,她父亲的第一任妻子和他们三岁的女儿在一次车祸中丧生;后来她又一次讲到这件事,就在我正在讨论的那次会谈之前数月的一次会谈中(患者深爱着父亲,并感觉自己也被他所爱)。在这两次提及她父亲的第一任妻子和他们的女儿的死亡时,L 女士表现得就好像是为了向我提供一些我应该知道的信息,因为分析师(在他们的刻板思维中)往往对这类事情大做文章。在那一刻,我已经能够利用我之前对自己做过的无声的解释,即患者(和我)是如何逃避去思考/做梦/讲述/记住关于我们之间正在发生的情感体验的真相的。在我和 L 女士的工作中,我已经有一年多的时间不能或许也是不愿去思考/做梦/记住患者的父亲以及她自己对于父亲的第一任妻子和他们的女儿死亡所体验到的巨大的(难以想象的)痛苦,并让自己停留在这个体验中保持鲜活的感受。我对自己无法在内心对这些死亡经历带来的情感冲击保持鲜活的感受感到震惊。

在那一刻,我开始能够做梦(做意识和潜意识的心理工作),现在我感知到,患者对自己"取代"了她父亲的妻子和他们的女儿活着,也取代了父亲自己已和他们一起死去的那部分活着这一点感到"耻辱"。L 女士回应了我评论中提到的叙述者的"微不足道"但却很重要的举动,她说:"在库切的作品中,死亡并不是最糟糕的事情。出于某种原因,这个观点让我感到安慰。不知为何,我想起了库切的回忆录中我很喜欢的一句话。他在临近结尾时说道:'我们所能做的就是愚蠢地坚持下去,像狗一样固执地[1]一次次失败。'"L女士用一种我从未听到过的笑声大笑了起来,并说道:"现今,狗随处可见,我非常喜欢狗。它们是动物王国中的清白无辜者。"然后,她变得更加悲伤,并说:"当失败一再发生时没什么光彩的。我觉得自己作为母亲是如此失败。我不能对自己撒谎,也不能假装我对亚伦会死的执念不会被他感觉到而把他吓死。我不是刻意这么说的——"把他吓死"——但这就是我感觉自己在对他做的事。我害怕我正在用自己的恐惧杀死他——我正在把他吓死,但我停不下来。这就是我的'耻辱'。"L女士说着说着哭了起来。这一刻,我清楚地看到,L女士的父亲对自己"无法思考"的丧失的反应已经把她吓死了。

我说:"我想你觉得自己的一生就是个耻辱。你父亲的痛苦不仅让他自己无法忍受,对你也是如此。你没能帮助他处理他那些难以想象的痛苦。他的痛苦对你来说是件复杂的事情——你仍然与他一起被这种痛苦抓住——痛苦到超出任何人能够承受的限度。"这是在我们的分析中第一次,我谈到了患者不仅不能帮助她父亲,也不能梦出对父亲的痛苦和她自己的应对体验。我想,她感到羞耻的是,她对父亲感到愤怒,因为他没能成为她所希望的父亲的样子。她还把愤怒发泄在她丈夫的身上,对觉得他作为父亲的不称职之处进行贬损。但我没有把这些想法说出来。

---

1 doggedly,意译是固执地;词根是dog(狗),从词源学上可以理解为以某种像狗一样的方式,所以后文患者讲到狗。——译者注

　　L女士没有直接回应我的话,而是说:"奇怪的是,我觉得库切书中的人物是勇敢的。或许他们自己并不这么认为。 但他们确实让我有这样的感觉。在《迈克尔·K的生活和时代》(Coetzee,1983)一书中,迈克尔·K(一位生活在南非种族隔离时期的黑人)用废弃的木材和金属边角料制造了一辆马车。他把垂死的母亲载往她出生的小镇,让她可以在那里辞世——这是最让她觉得像是回家的体验。我想迈克尔·K在做这件事时并没有觉得自己很勇敢。他只知道这是他必须做的。努力去做这件事注定会失败。我想他从一开始就知道——我也是。但必须去做,这是对的事情。对于库切的作品我很喜欢的一点是,他书中的叙述者常常是女性。在《铁器时代》(Coetzee,1990)一书中,女性叙述者(一位生活在南非种族隔离时期的白人女性)收留了一位无家可归的黑人男性,她对他产生了内疚与同情,并进而开始仰慕他,然后又逐渐对他产生愤怒,乃至以自己特有的古怪的方式爱上了他。她从未在与自己内心交谈或与他交谈时有所保留。你我有时也会像她这样。今天我们就在一定程度上如此——并非完全像这样,但足够让我现在感觉更有力量,虽然这并不意味着更快乐。不过现在我更需要的是有力量而不是更快乐的感觉。我能从L女士的话语中听到,她感觉到但还不能说出来的(即便是对她自己),她对我感到仰慕和愤怒,以及她对我独特而古怪的爱,并且她希望有一天,我同样能够感受到她的所有这些感受。"

　　这次会谈的实际进程比我这里描述的要更为散漫、曲折得多。患者和我的谈话像是一次漂流,从一个话题到另一个话题,从一本书到另一本书,从一种感受到另一种感受,我们并不觉得有必要将一个主题与下一个主题联系起来,或是以合乎逻辑的方式思考,也不需要就对方所说的话做直接的回应。我们谈到,库切选择住在澳大利亚的阿德莱德;约翰·伯杰在布克文学奖的获奖感言中抨击资本主义;以及我们对库切最近的两部小说感到失望等话题。在这些话题中,我搞不清楚哪些是我们在我现在呈报的这次会谈中讨论的,哪些是在随后的几次会谈中讨论的。我也不能确定,在我呈现的这些对话中,哪些是L女士说的,哪些是我说的。

在随后的一段时间里,这次会谈中出现的情感体验逐渐显现,患者告诉我她父亲在她成长过程中爆发过好几次严重抑郁,她觉得自己有责任帮助他康复。她说,当"他无法控制地抽泣,因流泪而哽咽"时,她经常长时间地坐在他身边。当L女士描述这些她与父亲在一起的体验时,我想起她说话时蹦出一堆一堆的话语,仿佛要随着每一次呼吸吐出尽可能多的话语,我想这或许和她在父亲不受控制地抽泣而被泪水噎住了的那些时刻所体验到的感受有关。也许,由于无法梦出她与父亲在一起的体验,她将自己的(以及她父亲的)尚未梦出的梦以躯体化的方式禁锢在她说话和呼吸的模式中。

总而言之,在我上面讨论的那次会谈中,L女士和我对文学作品的讨论构成了通过谈话做梦的形式。通过这种体验,我们梦出的既不完全是患者的梦,也不完全是我的梦。在这次会谈之前,L女士在分析中很少能够进入做醒着的梦的状态。因此,她被困在一个由她自己无法梦出的体验分裂出去而形成的永恒世界里,这个无法梦出的体验就是:她害怕自己不仅夺走了她父亲的和她自己的很大一部分生命,还正在杀死自己的孩子。L女士已经形成了心身症状(她说话和呼吸的方式)以及对死亡的强烈恐惧,以至于在这种心理状态下,她不再能梦出自己关于父亲的抑郁以及她对他的愤怒。随着这次会谈的进行，患者能够梦出（以通过谈话做梦的形式）先前自己无法梦出的关于父亲以及与父亲在一起的体验。这种通过谈话做梦的实践会不知不觉地转换为谈论做梦，并且两种谈话形式会来回切换。我把通过谈话做梦和谈论做梦之间的这种来回切换视为精神分析处在"自发进展中"的标志之一。

通过谈话梦出自己的存在

下面我将描述一段临床分析经历，在这段分析中我们主要依靠通过谈话做梦，让患者自身能够开始初步发展出"梦出自己的存在"的能力。

B先生在极度被忽视的环境中长大。他出生于一个波士顿郊区的工薪阶层的爱尔兰天主教家庭，是五个孩子中最小的一个。患者从小就被三个哥哥折磨，他们一有机会就羞辱和恐吓他。B先生让自己尽可能"变得隐形"，他会尽量不待在家里，在家里时也尽量不引人注目。他很早就知道，让父母关注自己的遭遇只会让事情变得更糟，因为这会导致他的哥哥们倍加残忍地对待他。尽管如此，他坚持不懈地对父母，尤其是对母亲抱有希望，希望他们不用他告诉他们，就能看到他的遭遇。

从七八岁起，B先生开始沉迷于阅读。他会在公共图书馆里沿着书架的陈列一本接一本、一书架接一书架地阅读上面的书籍。他对我说，不要把这误解为是为了提升智慧或获取知识："我阅读纯粹是为了逃避现实。我迷失在这些故事里；对于读过的书，一周后我就什么也不记得了。"我在之前的文章（Ogden，1989a）中，讨论了将阅读行为作为一种感官主导的体验，可能成为自我封闭的防御手段的情况。

尽管我喜欢 B 先生，我还是觉得我们头四年的分析颇为死气沉沉。B 先生说话缓慢而审慎，仿佛每一句话说出口之前都要字斟句酌。随着时间的推移，我和他都开始看到，这反映了他害怕我会用他所说的话来羞辱他（对哥哥的移情），或是无法从他的讲述中识别出什么是最重要而又并未言明的（对母亲的移情）。

直到这种每周五次的分析进行到第五年，患者才开始能记得并告诉我他的梦。在这些早期的梦中，有一个梦只有一个可怕的形象：蜡像馆里的一个破旧的圣母玛利亚和婴儿的蜡像。这个意象中最令人不安的部分是圣母玛利亚和婴儿看向彼此的空洞眼神。

我将要描述的那次会谈发生在患者报告圣母玛利亚和婴儿的梦之后不久。在那个阶段的分析中，患者和我开始能够以一种多少有些活力的方式谈话，但这种谈话方式仍然太新以至于我们会感到脆弱，有时还会感觉有点笨拙。

在这次会谈的开头，B 先生说，他在工作场合无意中听到一位女士对另一位同事说，她实在是看不下去科恩兄弟的电影《抚养亚历桑纳》，因为她无法理解绑架一个婴儿[1]有什么幽默可言。B 先生问我："你看过

1　电影《抚养亚历桑纳》，讲述一对夫妇（由尼古拉斯·凯奇和霍利·亨特饰演）因无法怀孕生子，偷走了纳森·亚历桑那和他的妻子刚生出来的五胞胎之一。凯奇和亨特认为，拥有这么多婴儿的家庭不容易注意到其中一个婴儿失踪了。

那部电影吗?"在我们的分析中,这是第二次或第三次B先生这样直接问我问题。在那时之前,我们的分析关系几乎完全聚焦在患者的体验和精神状态上,几乎不曾明确谈及我的体验,更不用说对此提问或讨论了。如果仅仅是简单地回答他的问题,我感觉不那么自在,但我也无法想象我可以将这个问题返还给患者,例如,问他为什么问这个问题,或是尝试性地解释他担心我不能理解他想要表达的意思。我告诉B先生,我看过好几遍这部电影。我在说出这些话时才意识到,我做这样的回应时,我告诉他的信息超出了他向我要的。我并不觉得这是一个失误,而是感觉像是我在涂鸦游戏中画了一条线。尽管如此,我还是有点担心,我所添加的内容会被患者体验为一种侵入,并带来类似于游戏被突然打断的感觉。

　　B先生的头在躺椅的枕头上动了一下,显示他对我做这样的回应感到惊讶。看来我和他都心知肚明,我们正处在未知的领域。在这种情感变化发生的同时,我内心出现了一些关于移情-反移情的想法。B先生问了我一个直接的问题,敢于让自己变得不那么"隐形",而我也自然而然地对他报以善意。并且他还邀请我和他一起谈论两兄弟的共同创作的其他作品,并谈到科恩两兄弟共同创造了非凡的成就。与自己的兄弟一起创造出某些东西(或成为某种人)是患者与哥哥们之间欠缺的一种经历。或许他把科恩兄弟带到分析中反映出,他希望能和我拥有这样的经历。我决定不对患者说出这些,因为我觉得,我和患者正在创造一种情感上更亲密的关系,说出这些会让我们分心并破坏这种初步的进展。

　　B先生用一种对他来说不同寻常的带着强烈情绪的声音说,他觉得,那个他无意中听到的谈论这部电影的女人把它当作一部纪录片来看,他说:"我竟然会对她的态度感到那么生气,这让我觉得自己有点疯狂,但这是我最喜欢的电影之一。我看了那么多遍以至于我都能把台词背下来了。我讨厌它被没脑子地诋毁。"[1]

我说:"这部电影的每一帧画面都有些讽刺意味。有时讽刺会令人害怕。因为你不知道什么时候它会掉转头冲你而来。"[虽然患者已经潜意识地评论了我和他之间发生的事情——相对于我们先前的相处模式,现在我们之间的互动不那么盲目和死板——但在我看来,在这个层面上做回应,会打断(我认为的)我们之间正在进行的通过谈话做梦。]

B先生说:"这部电影不是纪录片,而是一个梦。在电影的开头,尼古拉斯·凯奇因为一再犯下轻罪而反复被捕入狱,并拍摄入案照片。似乎这部影片从一开始就引入了两个层面的现实:主人公和他的照片。我以前从未想过电影可以这样开场。还有骑摩托车的那个大块头——与其说是一个人,倒不如说是一个原型——他生活在一个平行世界里,与电影的其他部分脱离。对不起,我太激动了。"患者的声音充满了孩子般的兴奋。

我问:"激动有什么不对吗?"(我这样说不是质疑他,而是在以一种高度精练的方式说,患者小时候有充分的理由认为,以兴奋的语气说话

1　我一再地发现,电影中的影像与故事,与梦中的影像与故事一样有着某种唤起情感的力量,对此我感到印象深刻(参见 Gabbard,1997a,b; Gabbard and Gab-bard,1999)。

是危险的,但那些理由只适用于小时候,对他来说,过去的现实常常使当下的现实黯然失色。)

B先生没有停顿继续说:"这部电影里我最喜欢的部分是结束时的画外音(这一幕发生在尼古拉斯·凯奇和霍利·亨特把偷走的婴儿还回去,以及霍利·亨特告诉尼古拉斯·凯奇自己将要离开他之后)。当时,他躺在她身边还未入睡,他以一种介于入睡时的思考与做梦之间的方式说话。在他的声音里,我们能听到这样一种感觉:只要能有第二次机会去把事情做对,他甘愿付出任何代价,可是,他对自己如此了解,以至于他认为他很可能会再次把事情搞砸。我现在想来,结尾是以更加丰富的形式在重复影片开头的一幕,即他一次又一次在被捕入狱后拍摄入案照片。他永远都做不对。但到了结尾,你了解了他,这时再看到他永远都做不对是令人伤心的。他有一颗善良的心。在结尾的画外音独白中,他想象着小内森(他们偷走又归还了的婴儿)的人生。凯奇可以模糊地想象自己在这个孩子生命中无形地存在,伴随他长大。这个孩子能感觉到有人充满爱意地守护自己,为自己感到骄傲,但无法把这种感觉与某个特定的人联系起来(当然,在我听来,这是患者在潜意识地告诉我,他感觉自己被我充满爱意地守护着。此外,B先生和我正在一起梦出/构想的那个被爱着的婴儿,似乎将分析体验本身"具象化"了,在这次会谈中,在患者和我一起做梦的过程中,这些体验正在鲜活地"醒来")。

我对B先生说:"在最后一幕中,尼古拉斯·凯奇还想象了一对夫妇——可能是他自己和霍利·亨特——与他们的子孙在一起。

B先生兴奋地打断我说:"是的,他最后做的那个梦有两面。我想让他相信他正在展望未来。不，这个是一种比这更柔和的感觉，是一种"对未来充满希望"的感觉。即便像凯奇这样一个总把事情搞砸的人，如果他对未来有不一样的期望，也许事情就会朝着他期望的方向发展。不，这听起来太陈词滥调了。我找不到恰当的词汇来形容它。这太令人沮丧了。如果他能做梦，他想象的事就已经在梦里发生了。哎呀，我表达不出来我想表达的意思。"

我选择不去直接关注为什么患者找不到合适的词汇——或许是源于他的焦虑，因为他感觉到对我的爱并希望得到回应。我决定将我感觉到正在发生的事情继续以我们正在进行的通过谈话做梦的形式来表达。我说："你看看，如果我这样说，是否与你想要表达的意思一致？在我看来，在结尾讲述他的梦时的那个凯奇的声音，与他在电影中早期任何时候的声音都不同。他并没有为了让霍利·亨特留在他身边而假装改变自己。他发生了真正的改变，这可以从他的声音里听出来。"直到说这些话时我才意识到，自己不仅是在谈论患者通过谈话做梦生成的意象，而且还隐含地表达了，就像我听到并欣赏凯奇声音中的不同，我也同样能听到并欣赏患者以及我自己的声音中的不同。

B先生听起来松了口气，他说："就是这样。"

尽管在分析中的那一刻，B先生和我都不想更直接地谈论在我们的关系中发生的事情，但我们都很清楚，我们之间正在发生一些全新的并且很重要的事情。几周后，B先生谈起了他对于我们谈论这部电影的那次会谈的体验。他把那次会谈的体验与他儿时的阅读体验做了比较："我谈论《抚养亚历桑纳》的方式与我小时候阅读的方式截然不同。在阅读中，我成了他人想象世界中的一部分。而在我们谈那部电影时，我发现我没有失去自我，而是成了自己。我不只是在谈论尼古拉斯·凯奇和科恩兄弟做的事情，我也在谈论我自己和我对这些电影的看法。"

在又过了一段时间之后，B先生再次谈起这次会谈，他说："我认为谈论什么并不重要——无论是电影、书籍、汽车，还是棒球。我曾经以为，我们应该谈一些特定的话题，比如性、梦和童年等。但我现在觉得，重要的是我们谈话的方式，而不是内容。"

电影《抚养亚历桑纳》之所以唤起了患者的想象，或许是因为这个故事的主题是：两个人由于无法创造（梦出）他们自己的生活而徒劳地试图偷走别人的一部分生活。但我相信，这次会谈的情感意义主要并不在于影片的象征意义；对我和患者来说最重要的是，我们一起谈话/做梦的体验。这是一种让B先生"梦出自己"，也就是创造出属于他自己的声音的体验。我认为他在回顾这次会谈时说得对，谈论什么并不重要。重要的是，他通过做梦和用自己的声音说话来让自己开始存在。

在阅读我对那次会谈的记录稿时，我惊讶地发现，用文字捕捉这种通过谈话做梦的分析体验是如此困难。这里的对话以及本章所有的对话好像都只能"弹奏音符"，却未能"奏响"构成"通过谈话做梦"的那种亲密的、多层次的交流的旋律。"旋律"体现在语调、节奏、"弦外之音"（Frost，1942，p.308），等等。对于不同的患者、不同的移情体验，通过谈话做梦的旋律大相径庭。在某次会谈中，通过谈话做梦的旋律可能是一位青少年女孩在其他人离开后与父亲谈话的旋律。这种旋律的声音是，当女儿对世上她关心并愿意谈论的事情表达她的想法时，父亲在（他眼中漂亮的）女儿的声音里所听到的。在另一种移情–反移情体验中，通过谈话做梦的声音是一个3岁男孩在他母亲洗碗时发出的咿呀学语声。

他以一种歌唱的方式说话——很像一首摇篮曲——用不完全连贯的句子说,他的兄弟是个傻瓜,他喜欢《大狗副警长》[1],他希望明天再吃玉米棒子,等等。而在另一种移情–反移情体验中,通过谈话做梦的声音是一个12岁女孩令人心痛的声音,她在半夜哭着醒来,告诉母亲她觉得自己又丑又笨,没有男孩子会喜欢她,她永远都不会结婚。诸如此类的声音实在难以用文字来描述。

结　论

作为本章的结论,我将提出关于通过谈话做梦的三个观察。首先,在通过谈话做梦的体验中,尽管分析师参与了患者做梦的过程,这些梦终究是患者的梦。分析师必须谨记这个基本原则,否则分析就会变成分析师"梦出患者"的过程,而不是患者梦出他自己的过程。

其次,当我参与通过谈话做梦时,我总是觉得自己需要对分析设置给予更多而不是更少的关注。在我看来,一位分析师要能可靠地承担起责任,以我前面描述的方式与患者谈话,需要先积累大量的分析经验。在参与通过谈话做梦时,非常重要的一点是,在整个谈话过程中,分析师和患者之间始终明确地保持和区分各自的角色。否则,患者就被夺走了他所需要的分析师和分析关系。

1　美国动画片。——译者注

最后,在介绍"通过谈话做梦"这个概念时,并不是在提出一种需要"打破精神分析规则"的情形,也不是要制订新的规则,而是认为我前文中描述的临床工作是即兴创作,这是在特定情况下,我与特定患者进行分析工作的背景下形成的。说到这里,我发现自己回到了我认为是精神分析实践的基础:我们作为分析师,为与每个患者一起创造新的精神分析而做出的努力。

第三章　论精神分析督导

精神分析产生了两种原先不存在的人类关系形式:精神分析关系和精神分析督导关系。弗洛伊德详细讨论了分析关系,但奇怪的是(就我目前所知),在《弗洛伊德全集》中,他一次也没有提及督导或督导关系,除了他与小汉斯父亲的合作以外(Freud,1909)。然而,督导关系是弗洛伊德"发现"精神分析的结果,并且今天已经是精神分析师成长过程中(无论是正式的分析师培训项目还是在完成培训后继续成长为精神分析师的持续努力过程中)必不可少的一部分。因此,精神分析督导关系是精神分析知识从一代分析师传递到下一代不可或缺的媒介。

理论背景

我将分析关系和督导关系都看作某种形式的"在引导下做梦"(Borges,1970a,p.13)。在本章中,我将探讨发生在督导情境中的在引导下做梦的一些形式。在这里,我不打算讨论在督导关系中涉及的多种多样的情感力量，也不会就督导工作该如何展开提供规范。我将通过描述几段分析督导的体验（其中一段是我自己接受哈罗德·西尔斯督导的体验），来阐述我对分析督导的思考以及我自己作为督导师的工作方式中的一些不同侧面。在呈现四段督导体验之前，我将首先简要讨论一些理念，这些理念是我的精神分析督导师工作原理的重要方面。

梦出分析体验

基于比昂的理论（Bion，1962a，1970），我将做梦看作一个人对自己经历的情感体验做潜意识心理工作——这同时发生在睡眠和清醒的状态下（参见第一章，进一步讨论了我对做梦的理论构想）。从这个角度来看，在督导体验中，督导师试图帮助被督导者梦出他与患者在一起的体验中的一些元素（Ogden，2004a），对于这些元素，被督导的分析师自己在督导前只能部分梦出（分析师的"被打断的梦"）或几乎完全无法梦出（分析师的"尚未梦出的梦"）。

当我说"被打断的梦"时，我指的是这样一种心理状态：潜意识的想法变得如此令人不安，以至于打断了个人进行思考和做梦的能力。例如，梦魇是这样一类梦，由于梦思太可怕，以至于瓦解了做梦的能力，于是做梦者在恐惧中醒来。与此类似，当在游戏中体验到的思想和感受压倒了游戏的能力时，儿童就会中断游戏。神经症症状（例如强迫思维、恐怖症、弥散性焦虑状态等）也代表了各种类型的做梦被打断。呈现出这些症状的患者只能在一定程度上梦出(进行潜意识的心理工作)他的生活体验。神经症症状的出现,显示出个体在何处不再能够进行潜意识心理工作,而在本该进行潜意识心理工作的地方生成了一种停滞不变的心理结构/症状。

与被打断的梦不同,"尚未梦出的梦"反映了一种几乎完全不能梦出自己生活经历的状态。无法被梦出的部分被从潜意识的心理工作中排除了出去。精神上的被排除(无法梦出)体验可能表现为各种各样的形式,包括心身障碍和严重倒错(de M'Uzan,2003)、夜惊(Ogden,2004a),精神病性的分裂状态、无情感状态(McDougall,1984),以及无体验的精神分裂状态(Ogden,1980)等。

被督导的分析师梦出他和患者在一起的情感体验的能力已经到达了极限,不能就分析中发生的情感体验做真正的潜意识心理工作;由于分析中产生的想法和感受太令人困扰,他进行这种梦工作的能力被瓦解了。这主要表现为,被督导者产生和维持容纳性的遐想状态以及分析性地利用自己的遐想体验的能力受限。例如,他可能会发现,自己对患者的梦不再产生可用于分析工作的联想,并且自己对于分析关系中发生事情之间的关联做出自由联想的能力变得迟钝。这样的精神状态(有时会伴随见诸行动,例如错误地提早结束会谈)通常不构成对伦理规范或专业职责的严重违反。在督导师的帮助下,分析师通常能够注意到并思考是什么导致了自己的醒着的梦被打断,并能够对此加以分析性使用(在我将呈报的第一个临床片段所谈到的督导工作中,被督导者就经历了这样的梦出自己与被分析者在一起的体验的能力被破坏)。

　　比起被督导者只能部分地梦出分析中发生的事情,另一种更为严重的情况是,他几乎完全无法梦出自己和患者在一起的体验。当被督导者无法梦出自己的体验时,他通常意识不到分析中存在问题,并且也很难利用督导工作。比起梦被打断的情况,无法做梦所呈现出来的问题通常对治疗更具破坏性。无法梦出在分析中产生的体验可能表现为:分析师决定宣布分析成功,并单方面设定终止日期(出于潜意识地试图回避面对分析僵局)。或者分析师可能会发展出心身障碍或反移情精神病。在另一些情况中,分析师可能会破坏专业界限,例如与患者发生性关系或业务关系,或是请求患者的积极支持以实现分析师的政治野心(在我将呈报的四个临床片段的最后一个中,我将讨论这样一个督导案例:被督导者无法梦出分析体验,而产生了心身障碍和精神病性的反移情体验)。

在督导情境中梦出被分析者

　　我作为督导师的工作所涉及的理论背景的第二个要素,涉及对这个问题的重构:“在督导情境讨论的分析中,患者是谁?”分析师并没有把(现实中的)被分析者带到督导会谈中,而是(在督导师的帮助下)“梦出”了督导情境中的患者。换句话说,在督导情境中被赋予生命的患者,并不是与分析师在咨询室里会谈的那个现实中的人,而是一个虚构人物,经由文字、声音、身体动作(如被督导者的手势)、反讽、机智妙语、潜意识沟通(如投射性认同)等方式被创造出来。

　　分析师为了将他与患者工作的体验带到督导会谈中所采用的各种意识或潜意识的方式加在一起,并不等同于那个真实存在的患者,而是创造出了一个虚构人物。当我用"虚构"这个词时,我不是指说谎,而恰恰是它的反面。通过在督导中呈报案例,被督导者将"现实变成虚构,只有当现实成为虚构时……它们才变成了真实"(Weinstein,1998)。从这个意义上说,在督导情境中创造出一个虚构的患者——也就是"梦出患者",代表了分析师和督导师在督导过程中共同努力,使得分析师对于在分析关系中在意识、前意识以及潜意识层面上所发生的事情的体验的真相变得鲜活(Ogden,2003b,2005b)。

分析体验和督导体验的相互作用

　　我作为督导师的工作的理论背景的第三个要素,涉及对督导关系和分析关系之间的潜意识相互作用的觉察。西尔斯(Searles,1955)是最早谈及督导关系的这个方面的作者。他在《督导师情感体验的信息价值》这篇开创性的作品中写道:

　　督导师体验到的情感——包括那些他私人的"主观"幻想体验以及个人化的对治疗师的感受——通常会对当下[潜意识人际互动]过程中能够揭示出治疗师与患者之间关系的一些特征的部分,提供有价值的说明。此外,这些过程通常正是导致治疗关系困难的那些过程……这些目前正发生在患者与治疗师之间的[意识和潜意识]事情,往往也反映在治疗师和督导师之间的[意识和潜意识]关系中(p.157)……我将这种现象称为映象过程。[1]

(1955,p.159)

　　因此,治疗关系的潜意识层面不仅通过治疗师口头汇报自己与患者工作情况的形式带入督导关系,而且还在督导关系(潜意识和前意识层面)中鲜活地呈现。督导师和被督导者的任务中的一个重要组成部分是,梦出(做意识和潜意识的心理工作)督导关系和分析关系之间的相互作用。这项心理工作的一些方面被督导师和被督导的分析师言说出来,而其他方面未被言说,或者也可能以移置的方式被讨论(例如,督导师谈到他自己作为被督导者或分析师时类似的经验)。每一对督导师和被督导者都以他们自己独特的方式来讨论督导关系与分析关系之间的相互作用。[2]

1　西尔斯称之为"映象过程"的这种现象后来被命名为"平行过程"。我认为后一个术语用词不当,因为分析过程和督导过程之间的关系根本不是平行的:这两个过程彼此之间处于一种张力之中,并且持续地作为彼此的背景相互界定和改变对方。分析关系和督导关系是涉及督导师、被督导者和患者这三者的同一组意识和潜意识的内部和外部客体关系的两个方面。

2　对督导关系和分析关系的相互作用做文献回顾不属于本章的讨论范围。伯曼(Berman,2000)的论文对这个主题做了文献综述,并就构成督导关系的"意识和潜意识客体关系的基质"(p.276)提出了富有洞见的观察。关于这个主题的其他重要文献还包括:Anderson and McLaughlin(1963); Baudry (1993); Doeh - rman (1976); Epstein (1986); Gediman and Wolkenfeld (1980); Langs (1979); Lesser (1984); McKinney (2000); Slavin (1998); Springmann (1986); Stimmel (1995); Wolkenfeld (1990); and Yerushalmi (1992)。

督导设置

　　后文对四个临床案例的讨论所涉及的最后一个理论要素是督导关系的"设置"。像分析关系一样，分析性督导也需要自由和保护（参见Gabbard and Lester，1995，关于督导设置的边界及边界违反）。督导师有责任创建一个设置，确保被督导者可以自由地思考和做梦，并对分析过程和督导过程中发生的事情保持鲜活的觉察。督导设置是一种能够感觉到的存在，给予被督导者一种安全感，让他感到，自己在督导师面前真诚的努力，将会被报以仁慈、尊重和隐私保护。[1] 被督导者将一些高度个人化的体验——他在意识、前意识和潜意识层面体验到的、关于分析关系的亲密与孤独、性活力与死亡、柔情与恐惧等感受——托付给督导师。作为回报，督导师通过各种途径向被督导者展示，作为（并持续努力成为）一名分析师对督导师自己来说意味着什么。这些途径有：督导师是怎样思考和做梦的；他是怎样构建和表述自己的观点和感受的；他是怎样回应被督导者的意识和潜意识交流的；他是怎样把被督导者看作一个独特的个体并为他发明鲜活的督导关系的；等等。

1　我发现，当督导属于培训项目的一部分，并且项目方要求督导师评估和报告自己对被督导者工作情况的看法时，督导过程会受到严重影响。我在本章中描述的四段督导经历都不属于培训项目中的督导。

四个临床案例

1.梦出患者的存在

在我和M医生讨论他与患者A女士工作的第一个督导小节中,M医生告诉我,相当长一段时间以来,他一直在为分析中发生的事情感到担心。A女士寻求分析是因为长期抑郁并出现对死亡的恐惧。她出现了一些躯体症状,包括相当严重的皮炎。

M医生告诉我,患者说,她觉得自己与丈夫和孩子缺乏联结,此外,她觉得在工作中自己长期以来都在"装模作样",她担心自己很快会被拆穿。在描述自己的童年经历时,A女士将她的父亲———一名教师以及传道人,描述为极具智慧和深度的人,她自己以及"每个认识他的人都非常钦佩他。但他有时也非常苛刻,爱说教和贬低别人",并时常说患者"烂泥扶不上墙"。患者的母亲是一位安静而退缩的女人,她似乎"很少注意到自己头脑以外的现实生活"(当我引用患者的话时,很显然,我不是在直接引用患者的话,而是在引用M医生基于他与患者工作的意识和潜意识体验而"虚构出来的患者"的话)。M医生在与患者会谈时是不做记录的)。A女士说,每次会谈她都困惑不解,为何M医生还在继续和她工作,她觉得自己是一个无聊到让人无法忍受的患者。

M医生说,在这个一周五次的分析的第一年里,他已经和患者谈过,他感觉患者被撕扯,一方面,她希望向父亲(现在是向M医生)展示自己不是"烂泥扶不上墙";而另一方面,她又希望忠于父亲(以及他们有毒的联结），证明他对她的判断是正确的，她就是个毫无价值的失败者，终身都会一事无成。但在做了这样的解释之后，患者仍然处于抑郁状态，极度害怕自己正在死去。

在 M 医生与我的初次督导会谈进行到大约一半时，他说："我也不知道为什么这样说会让我觉得尴尬，或许是因为这听起来很原始——我想说，当 A 女士在我的咨询室里时，我闻到一股刺鼻的味道，并且在她离开后这味道依然久久不散。我在自己的脑海里为她找了个理由：也许她来我这里之前去了健身房，还没来得及洗澡。"我对 M 医生说，我不记得他是否告诉过我患者的年龄。当时我并没有意识到，自己紧接着 M 医生刚刚的话而问了这个问题。他告诉我，他不确定她多大年纪，他从未直接问过她。分析进行的时间越长，他越难以启齿去问这个问题。他说："当我在等候室遇到 A 女士或是在会谈结束她离开时，我发现自己常常盯着她的脸，试图弄清楚她的年龄。直到现在我们谈到这个话题时，我才意识到我用那样的方式盯着她看，是试图从她脸上看到，为何她看起来像个孩子，又像个青少年，也像一个年轻女人。有时我从她的脸上看到一个很漂亮、充满好奇而又聪明的年轻女孩或大学生。"

我问 M 医生，患者年轻时的梦想是什么。他告诉我，她在舞蹈方面颇有才华，在大学毕业后的几年里曾是一个芭蕾舞团的成员。但她产生了无法克服的舞台恐惧，不得不放弃了舞蹈。"作为一个默认选项"，A 女士决定去法学院。尽管她在公司法务方面取得了一些成就，但她对这份工作并不感兴趣。

我对 M 医生评论说，在我看来，患者未能梦出自己的存在；我认为她对死亡的恐惧（具象化地呈现为身体症状）可能是她感觉自己在真实情感体验的维度上从未出生过,并害怕自己还未出生就死去的一种表现。我补充说:"或许我延伸得有点远,我觉得你闻到的气味可能是患者将自己正在腐烂的那种味道带到会谈中的一种方式。她在你那里感觉到仅有的一点点感受是,她正在你的咨询室里死去。"

在我们上面讨论的初次督导会谈中,M医生以语言为媒介创造出了一个"虚构人物",使他关于A女士——一位无法做梦,而只能将自己尚未梦出的体验禁锢于躯体化症状的患者——的真实情感鲜活起来。M医生在督导之前就已经能够部分地梦出被分析者无法梦出的梦——例如,他梦出A女士既是一个女孩也是一个年轻女人,她正处在成为独特的自己的过程中。而我以"唐突"地问患者年龄的方式梦出她,也帮助M医生进一步在督导中梦出这位患者。我的梦/问题以及M医生梦出A女士年轻的样子,与她父亲"梦出"她的方式形成了鲜明的对比。她父亲的"梦"不是梦,而是有毒的投射性认同,让患者充当一个场所或一个器物,来放置他试图否认和诋毁的"肮脏"的自我(而他自己则持有分裂出来的道德纯洁的那部分自我)。她父亲需要她来行使这个功能,而她则害怕如果拒绝承担这个角色就会失去在父亲心目中的价值。至少对她父亲来说她"意味着什么";对她母亲而言她觉得自己什么也不是。

在接下来几个月的分析过程中,患者告诉M医生一个梦:"我的皮肤和肌肉大块大块地掉落在我手中。当我试图把这些碎块放回到身体上时,它们掉得更多了。这太恐怖了。我觉得我的皮炎好像发疯了。"M医生对患者说,也许这样说听起来很奇怪,他认为,A女士在分析中所做的工作让她的皮炎"发疯了",身体事件变成了心理事件,一种疯了、碎成块掉下来的感觉,这种感觉是她可以思考并和分析师谈论的。

M医生从未对患者讲起他闻到气味的事情。他告诉我,"它就这么消失了"。或许当他和A女士能够梦出A女士先前不能梦出的体验,也就是感觉自己是一具正在腐烂的尸体(正在化为烂泥)时,这种气味就消失了。

2.谈有时间可浪费的重要性

W医生是一位已经持续接受我督导多年的分析师。在我某次休假结束之后我们恢复督导的第一次会面中,他在开始时问我,在休假的这段时间过得怎样。我没有把这个问题当作礼节性的问候而做出自动化反应,我说,休假期间让我感觉最好的事情之一是,我有时间阅读唐·德里罗(DeLillo,1997)的小说《地下世界》。恰巧W医生最近也读了这本书。于是我们讨论了这本书。我们谈到,这部小说是怎样通过隐喻性地使用在1951年真实发生的一场巨人队和道奇队之间的棒球比赛,瞬间征服读者的。这场比赛最终由鲍比·汤姆森在第九局的一记本垒打奠定了胜局,媒体称之为"全世界都听到的一击"。虽然这场比赛对棒球爱好者来说是个传奇,但它却是个毫无意义的事件,不仅从20世纪中叶的美国视角来看是这样,而且把它放在当天发生的其他相关事件中来看也同样如此。就在那一天,苏联人引爆了他们的第二颗原子弹,这才是真正的"全世界都听到的一击"。在德里罗的这部长达800页的盘根错节的史诗般的巨著中,每个角色、每个事件都以某种方式(通常是非常间接地)与鲍比·汤姆森的本垒打相关联。

　　我们谈到，生命中那些至关重要，但同时又微不足道的事件——从我们出生这桩意外事件开始——如何共同构成了无限复杂、不断扩展的网络，也是我们形成自己独特体验的网络。我们每个人产生出一种关于什么是真实的感觉，这在很大程度上是由一种"世代延续"感决定的，也即我们累积起来的关于自己的存在的一部变化史。我们还谈到了这本书的整体结构，它不仅包含了许多极其相似的人物和观念，还包含了仿佛是永无休止的声音和语气的一系列的反复变换，由于要挣扎着去纳入那么多的东西，以至于这本书几乎要撑爆了。谈到这一点时，我想起了书中的一句话，我当时只记得大意。那天晚些时候，我在书中找到了这句话，德里罗是在描述比赛结束后人们涌出体育场的情景："喊叫的声音、开裂的球棒、憋着尿的人和打着哈欠的流浪汉，还有数不胜数的其他许多诸如此类像砂砾般微小的人和事"（DeLillo，1997，p.60）。

　　在这本书中，W医生和我各自都有最喜欢的句子，在这些句子中，叙述者先是以一种确知的口吻描述了为何他自己或书中另一个人物要如此行事，然后又戳破了自己制造的这种幻觉，即我们对于自己为何会如此感受和行事的确定感。W医生回忆起一句话，大意是这样的："她之所以像奴隶般地伺候她丈夫，是出于一种深切的内疚感——至少她是这么告诉自己的。"叙述者似乎执着于在语言表达上尽可能地诚实：他尽量避免夸张、怀旧、委婉或以其他方式稀释真相，以免让它在不经意间溜走。当然，他失败了，而且他自己也知道。

　　我们谈到，这部作品是如何异常精准而又自然地捕捉到，我们是如何无声地进行自我交谈的，有时是用语言，有时则是通过视角或情感基调的变换。想要完全诚实地对待自己是一种注定会失败的努力。我和

W医生谈到了我们各自被分析的体验,我们的体验显著不同但又在一些方面相似,我们都经常感到至少有两个对话在同时进行:一个是说出口的与分析师的对话,另一个是未说出口的与自己的对话。我和W医生都以一种对我们各自来说全新的方式认识到,作为被分析者,她与我一直以来都参与了多层次的交流,每一层都是对另一层的评论,每一层都有其独特的真实和独特的自我欺骗。

　　W医生说:"当我对我的分析师讲话时,几乎总是有一种未说出口的相反想法和感受:'我真的这么认为吗?'或者'我听起来像个牢骚满腹的青少年',又或者'他的沉默好像让空气突然降到了冰点。当他生气……或害怕时,他就会这样。'"她解释说,她想表达的意思并不是说出口的话是谎言或掩饰,而是,当说出口的话相对于那些未说出口的话被过度赋予权威性时,她会觉得自己误导了自己以及分析师,使得双方更加难以把握正在发生的事情的复杂性。在W医生的分析以及我自己的分析中,我们很少和各自的分析师讨论这部分未说出口的内心对话。或许,允许那些未说出口的"相反的想法"存活在"地下世界"或梦中是最好的做法。试图把所有的想法说出来,可能会导致强迫性的思维瘫痪。然而,当我感到我的分析师已经与我地下世界里那些不和谐的杂音失去接触时,我会心绪不宁。在与W医生进行这部分谈话时,我开始能够更充分地意识到我的地下世界——我几乎听不见的梦中生活——是如何作为一种持续的存在,为我所感所想的一切赋予了某种质感。我开始将我的分析师没有关注我的地下世界视为一种接纳,而不是遗忘了它的存在。

　　我并不认为谈论小说意味着"浪费"了这次督导会谈。不知不觉中,

W 医生和我阅读这本书所得到的乐趣将我们的谈话导向了对我们自己分析中的地下世界的讨论。只有当我们处于一种类似于分析师的遐想的心理状态中(Ogden,1997a,b)时,我们才会像这样以完全出乎意料的方式来使用督导时间。在分析督导情境中很重要的是让自由联想式的思考能够发生,而在我看来,这种自己拥有全部的时间、有时间可浪费的感觉,是允许这种思考发生的情感背景中必不可少的要素之一。当然,在督导中,具有临床紧迫性的问题总是需要优先处理,但我的经验是,分析师恪尽职守地呈报临床资料有可能是为了防御一种更自由的富于联想的思考,而这种思考和想象能够增进我们在督导场景中进行学习的深度和广度。

在写到在督导情境中有时间可浪费的重要性这个主题时,我想起了大约40年前发生的一段经历。这段经历当时令我印象深刻,并影响了我对精神分析和分析督导的看法。在我大学一年级的秋天,一位英文教授在与一群家长谈话时,被一位父亲问到他的工作包含哪些内容。这位教授说,他教两个班,每个班每周两次课,每次一个半小时。这位父亲问,除此以外他还做些什么,教授回答说:"什么也不做。你要知道这就是学校支付薪水让我去做的事情——什么也不做。只有当我什么都不用做时,我才有自由去书店,并无视那些'伟大的书籍'——莎士比亚、塞万提斯、但丁、歌德、普鲁斯特、乔伊斯、叶芝、艾略特等人的作品。如果我觉得自己时间有限,我就会阅读和反复重读这些作家以及许多其他小说家、剧作家和诗人的作品。但因为我有时间去浪费,所以我可以只因为喜欢一本书的标题,或被它开头的句子或第150页的一段内容所吸引就买这本书。或许我会阅读哈代或康拉德或厄普代克的'次要'作品——那些很少有人认为值得花时间去读的作品。我有时间阅读任何我想读的作品,否则我怎么可能遇到我从未听说过也从未获得任何奖项(哪怕是高中里的奖项)的那些好作家? 他们可没有任何的名人朋友可以为他们在书皮上写蛊惑人心的宣传广告。"

我认为,如果督导师和被督导者从未有任何时间可"浪费",那真是太可惜了。他们失去了一种重要的思考、感受和学习的方式。

3.西尔斯医生

大概在30年前,我写信给哈罗德·西尔斯,希望在我到访华盛顿特区时能和他见面。他在我的答录机上留言说,他为我们的会面提供了两小时,并建议我阅读他发表的一篇论文,在文中他讨论了自己与一位精神分裂症患者的工作,在论文中他把这位患者称为"道格拉斯夫人"。

当我到达西尔斯医生的办公室时,他咨询室的门敞开着,他做手势让我进去。他说:"你一定是奥格登医生吧?"并指了指我应该坐的地方。在我们之间的桌子上有一台录音机,上面放着一大卷磁带。很显然,我们之间不会有相互问候的话,他也不会礼貌性地询问我的华盛顿之行,完全没有任何社交闲聊。他以一种就事论事的语气告诉我,这20多年来他都一直和道格拉斯夫人进行每周五次的分析,他对每次会谈都进行了录音。

我们一起听了大约五分钟(感觉好像是很长一段时间)的录音。西尔斯医生告诉我,尽管道格拉斯夫人竭尽所能地激怒他,但他已经逐渐爱上她。他说道格拉斯夫人能够凭着她敏锐的感知来想方设法地激怒他，他举例说，她作为切斯特纳特[1]的住院患者，最近决定不参加院方组织的为期一天的郊游。西尔斯医生确信，她不知何故感觉到，他非常想用她本来会缺席的那次50分钟的会谈时间赶写他即将完成的论文。他按下按钮，再次启动磁带播放，然后放松身体靠回椅背上听着。在录音播放的那次会谈进行到大约10分钟时，西尔斯医生（在与道格拉斯夫人的会谈中）对着录音机说（就好像录音机是这间屋子里除他和道格拉斯夫人以外的第三个人）："第一个西尔斯医生刚刚离开了这里，现在第二个西尔斯医生进来了。"在对着录音机讲这些话时，他的声音听起来就像是，在戏剧中，一个演员在与剧中另一个角色交流时，中途停下来对着观众说出戏剧旁白。但在我看来，他这样的举动并不是出于幽默。他似乎需要和一个人说说话，任何人都可以，哪怕是想象中的第三个人也行。在他的声音中，有一种悲伤和无奈的意味，这是对于自己没有被患者视为一个完整的人，而是一群人的一部分的回应，这一群人主要是来自患者的投射，而不是由她对他是谁以及她对他的感受的觉知构成的。

　　过了一段时间（现在这里的时间已经变成了分析中的时间，而不再是当时时钟上的时间），我注意到西尔斯医生的脸上有泪水滚落。考虑到在我们会面开始时，社交性的面具是如此迅速而彻底地被移除，我对此并不感到惊讶。我保持沉默，觉得无须做出任何言语或行为上的回应。我们又继续听了一会儿。之后西尔斯医生说，刚才我肯

1　Chestnut Lodge，一所精神病学研究院。——译者注

定看到他哭了。他对我说，和我在一起的时间让他想起了他的一位相交多年的密友——切斯特纳特的分析师鲍平聂[1]，他最近刚过世。他说他一生中只遇到过极少的几个人——并且他怀疑世上没有几个人——愿意花时间听一个接受了21年精神分析的精神分裂症患者的一次分析会谈的录音。西尔斯医生的评论，和我们在一起度过的这段时间里他所说的和所做的所有事情一样，都带着一种毫无防备的亲密感。在这里发生的事情令人感觉既释然又害怕。我被无声地邀请，去从潜意识层面体验和讲述一个梦境，进入它并同时对其进行观察，对于这个梦我们不知道它将走向何方——对于任何一个梦，我们可能永远都不知道它会去向何方。

我对西尔斯医生说，跟他一起听这次会谈让我体验到一些奇特的复合感受，我现在才意识到，这种感受是我在与一位失明的精神分裂症患者工作时经常体验到的。我向他解释说，那时候我在一间长程分析性治疗导向的住院病房里担任全职治疗师。我对他说，在我与这位失明的患者的工作中，我有这样一种感觉：已经没什么可害怕的了，因为所有可怕的事情都已经发生过了。就好像这个世界已经毁灭了，没有未来可言，所以我们两个人从不对彼此有所隐瞒。这种感受并不是勇敢，它不是出于对恐惧感的征服，而是来自彻底的失败感。西尔斯医生说，他大部分时间都处在这种感受中，他又补充道："人们有时会把它误认为是傲慢，但并非如此，它与傲慢恰恰相反。"

1　Ping-Nie Pao 的音译。——译者注

我们继续听录音,听到一个又一个西尔斯医生在那次会谈中来到咨询室又离开。我对西尔斯医生说,我前面提到的那位患者经常以一种"试图让人放心"的措辞来结束他的话:"这与个人无关。"西尔斯大笑了起来——这种笑声好像是对持续了一生的某种感受的释放,它欢迎与另一个人的联结(与此刻的我、鲍平聂,以及其他我不认识的人),也包含了承认不可能与道格拉斯夫人以及他自己那患有精神分裂症的母亲(他在我们的会谈过程中好几次提到她)建立可靠联结这件事所带来的无法言说的惆怅。在这次督导会谈的过程中,我们在对我与两名精神分裂症患者的分析工作的讨论,以及对西尔斯医生与道格拉斯夫人的分析工作的讨论这二者之间自如地来回切换。离开西尔斯医生的办公室时,我感到头晕脑涨。直到现在我才能写下对那次会面的回忆与印象。

现在回头看来,与西尔斯医生的这次督导对我来说代表了在督导中怎样可以全然投入自己,带着自己情感反应的全部深度和广度,不仅承接分析关系,同时也承接督导师和被督导者之间的互动。在我与西尔斯医生在一起的这段经历中,在任何特定的时刻,当我们谈论我们各自的分析工作以及我们之间正在发生的事情时,到底是他的还是我的意识、前意识和潜意识的反应在引领我们,似乎并不重要。对"所有权"或原创性与洞见应该归功于谁的申明并无必要,唯一重要的是致力于建立人与人的联结,以及对当下时刻的关于分析工作以及督导工作的真相的某种感知。

正如我在前面说过的那样,我们的督导会谈中有一种梦一般的品质。部分原因在于,初级加工过程被赋予优先地位。但同样重要的因素是,我们对自己尽可能地诚实,这种努力在时刻塑造着这段体验。这段与西尔斯一起"在引导下做梦"的经历说明,梦不会说谎——它们可能伪装,但无法欺骗。

4.一个让分析师无法醒来的梦魇

L医生接受我每周一次的督导已经三年了。她告诉我,她和一位儿科护士的分析工作令她非常困扰,以至于她感到无法再与这位患者一起工作了。这种精神状态对L医生很不寻常,即便是在强烈的移情-反移情困境下,她的工作一直都是善于思考而稳定的。这位患者B女士前来向L医生咨询的原因是,她持续地感到自己"快要疯了"。她不顾自己病态肥胖的事实(在分析开始时她的体重超过400磅),坚持认为自己"进食的自由"不应受到干涉。

B女士曾告诉L医生,她父母在她童年时持续好几年频繁地给她灌肠。她最初将灌肠描述得非常可怕,但随着分析的进行,她对自己也对L医生坦承,灌肠也成为性兴奋的来源。她在接受灌肠的那个时期开始进行肛门自慰,一直延续到现在,成为患者唯一的性行为模式。在接受灌肠和进行肛门自慰时,患者都感觉自己好像在"消溶"。

在分析进行了近两年时,B女士自发地开始节食,在14个月的时间里,她的体重减轻了240磅。当患者按照她所遵循的饮食方案达到正常体重时,她开始体验到一种强烈的焦虑,其强烈程度是前所未有的。这使得患者本来就非常有限的自我反思能力和记起自己的梦的能力几乎完全消失了。B女士开始在每次会谈中巨细靡遗地讲述她的护士工作。

她用一种几乎不加掩饰的充满乐趣的语气讲述她给幼儿进行膀胱导尿的细节。她把这个过程描述为"不幸的必需"。几个月后,B女士被调到了新生儿科,有一天她讲到,当她看到一个母亲用手掌捧住她那瘦小畸形的早产儿时,她觉得那个画面是如此"美好"。L医生发现B女士对这位母亲和婴儿的描述极其令人不安。她觉得患者从这个母亲所感受到的可怕痛苦中获得了倒错的喜悦。

L医生在我们一起工作的几年中曾告诉过我,她在成为精神科医生以及精神分析师之前,已经完成了儿科住院医生的训练。她还告诉我,她的长子患有淋巴癌,在经历了长时间的化疗后,在他十岁时过世了。L医生当然能够意识到,B女士讲述自己作为护士的经历时她所体验到的愤怒、悲伤和厌恶,与她儿子的疾病和死亡带给她的感受有关。尽管有这种自我觉察,L医生还是觉得B女士在分析中的表现对她造成的影响,让她无法思考。

当L医生描述她最近与患者在一起的体验时,我的思绪飘到了我自己在精神科住院医生训练第一年的一次督导经历。我当时呈报的患者因剧烈的头痛前来就诊。在前几次的会谈中,我得知患者的妻子在那之前已经要求患者搬出他们的卧室。所以当时患者睡在他八岁儿子的床上,而儿子则和患者的妻子一起睡在患者的床上。我告诉我的督导师,进行家庭治疗是不可能的,因为患者的妻子患有广场恐怖症,无法走出家门。当时,那个非常执拗的督导师问我,如果我走在街上,看到一幢房子着火了,我会怎么做? 我说我或许会给消防部门打电话。他说:"不,你应该进去看看,你是否能帮助谁逃生。"他让我安排在患者家里与患者以及他的妻子和孩子一起见面。我每周去他家和他们一起工作了一年多。仅仅两次会面后，患者和他的儿子就各自回到了自己的卧室。渐渐地，更多的改变发生了，患者妻子的广场恐怖症减轻了，他儿子也平生第一次交到了朋友。

在把注意力重新拉回到与L医生的谈话之后，我对L医生说，患者的自我憎恨似乎具象化地表现在她的肥胖上（使自己变得怪异并且慢性自杀），而她坚持自己有"进食的自由"，似乎是为了让她感觉自己能够在一定程度上控制自己对母亲的野蛮而原始的仇恨。

此外，我觉得患者在潜意识层面与她的母亲融合（"消融在里面"）。在这里发展出了一种精神病性的移情，L医生在患者内心成了未分化的她自己与母亲的聚合体。我告诉L医生，我认为她正在经历一种反移情精神病，体现为她感觉自己被患者占据并从内部接管。L医生说这种构想听起来有道理。但在接下来的几个星期里，她仍然觉得自己几乎无法忍受和B女士待在同一个房间里。

我开始怀疑——这种怀疑部分地基于我对自己被督导体验的遐想——我害怕完全投入到我们的督导中以及L医生和B女士的分析工作中产生的那些情感体验。我一直忙着给消防部门打电话，而不是进入那座着火的房子。这时，我开始觉察到，无论是督导情境还是分析情境都需要做出果断的干预。我告诉L医生，"我觉得B女士潜意识地或者意识地知道，或者更准确地说，她以一种原始的方式嗅到了一个事实，那就是你曾有过照顾自己临终孩子的经历。患者觉得她可能正在进入你的内部，竭尽所能地以最残忍的方式折磨你，就像她曾经感觉她的父母进入她的内部并恶意地侵占她那样。"我接着说，B女士的残忍攻击对她自己、对L医生和对分析工作都极具破坏性，因此必须被制止。L医生听了以后告诉我,一段时间以来,她觉得患者对她的影响是如此具有破坏性,她甚至觉得这真的会杀死她。她说,她在与B女士的会谈期间感觉自己的血压飙升到很高的危险水平,有好几次不得不在与B女士会谈之前服用药物来控制自己的血压(L医生已经发现,自己在与B女士会谈之后,血压会明显高于正常血压)。

L医生现在能够更自由地谈论这一点了,她说患者让她感到极其无助,因为她不可能让患者不要再谈论工作了(事实上这些工作构成了患者的全部生活)。我对L医生说,这恰恰是她需要做的:告诉患者,她对自己和病患儿童及其父母的工作的叙述,并不是在就她自己生活中的痛苦进行沟通,而是对L医生的攻击(这复制了B女士自己小时候体验到的攻击)。我补充说,我觉得这很重要,L医生需要找到自己的语言来对患者说,她要求患者从即刻起不要继续在分析中描述自己的工作内容和人际互动,而应该谈论那些由自己的生活经历所唤起的感受。我说,我预测,当L医生谈到患者在"攻击"她时,患者会表现得好像不明白L医生在说什么,她会争辩说,如果不谈论触发感受的事件,是不可能谈论感受的。我建议,对于这种反驳,一种可能的回应是对患者说:"请你尽力而为。当你做得太过分时,我会告诉你。"

L医生怀疑地说:"你的意思是,我可以告诉她不要谈论她的工作了——不要谈论她是怎样对待那些孩子的,以及她对于那些父母的感受的倒错性的扭曲?几个星期以来,我反复梦到,我和B女士在我的办公室里,我冲着她大声嚷嚷,'滚出去,滚出去!'我丈夫只得把我从这些梦魇中叫醒。他告诉我,我一直翻来覆去地大叫,'滚出去,滚出去。'"

我对L医生说:"你感到与患者一起困在了一个永无止境的梦魇里:

无法逃脱,只有无尽的恐惧和痛苦。梦魇通常把我们叫醒,这样一来,我们就可以从那些梦境中解脱出来,摆脱那些痛苦到让人无法忍受、无法对其做潜意识心理工作的梦思。"无论是在和 B 女士的会谈中还是在自己晚上睡觉时,L 医生都已经变得更像是一个梦中的人物,而不是做梦者(分析关系的做梦者)。她知道,在与 B 女士的工作中,自己有责任把自己和患者从这些不断上演的永无止境的噩梦中唤醒。

在 L 医生阻止了患者对她的隐蔽的施虐性攻击之后,分析工作显著地改变了。L 医生开始解释这种精神病性的移情,在这种移情中,患者和母亲融为一体并被投射到 L 医生身上,然后这个融合体在 L 医生的体内折磨她。此外,L 医生还告诉我,在患者对她的攻击被制止之后,她在与 B 女士的会谈期间或会谈之后再也没有发生过血压升高的情况。在这段督导中,在督导关系、分析关系、我自己的遐想体验,以及被督导者的外部和内部世界这几个部分之间,在潜意识层面存在着复杂的相互作用。L 医生需要我的帮助,来将她自己从她和 B 女士一起被困住的永无止境的梦魇中唤醒。然后,她才能真正开始梦出自己在分析关系中的体验。

几个月后,L 医生告诉我,B 女士既没有再试图折磨她也没有被动地服从她;相反,在这十年的分析中,B 女士第一次对自己的内心体验表现出兴趣,包括她为何长期以来持续折磨 L 医生。

结 论

　　总而言之，精神分析督导师的职责是，促进被督导者梦出分析关系中那些他先前无法梦出的部分。由于分析情境本身无法被带到督导中，督导师与被督导者的工作涉及"梦出"患者，创造一个"虚构"的，但就分析师关于被分析者的情感体验来说是真实的人物。这样的"做梦"是在督导设置的背景下发生的，督导设置为分析师提供了一种保护，使其能够对分析关系和督导关系中发生的一切以及对这两种关系之间的动态相互作用进行自由的思考和保持敏锐的察觉。一件重要的事情是，督导师和被督导者应该觉得他们有"时间可浪费"，至少可以偶尔如此。这种心理状态使得一种较少结构化而更多自由联想的思考有可能展开，这种思考类似于遐想的分析状态。这种思考方式常常会让督导师和分析师对他们以为自己"已经知道"的东西产生新的看法。

第四章　论精神分析教学

　　理想的精神分析教学能够为思考和做梦打开一个空间,尤其是在一些困难的情况下,原本(可以理解的)本能的冲动是想要关闭那个空间。教师如果采用说教、劝说对方改变信念、维护陈规教条等方式,就会填满这个空间;要避免去填满这个空间,需要创造条件来让人对原本无法设想的可能性保持开放。临床精神分析教学的一个中心目标是提升分析师的能力,让他能够梦出自己的临床体验中原先无法梦出的那些方面。

　　在本章中,我提出了自己对精神分析教学的观察和见解,这主要来自我带领的两个每周一次的研讨会的经验,这两个研讨会都已经持续举办了27年。我将首先说明我的教学设置,然后讨论精神分析教学的以下四个方面:(1)一种阅读精神分析作品的方式;(2)临床教学作为一种集体做梦的形式;(3)阅读诗歌和小说作为"倾听训练"的体验;(4)学习忘记过去所学的艺术。我认为这几个方面对于传达我所认为的精神分析的本质是特别重要的。

教学设置

从 1982 年开始,我在家里开设了两个研讨会,它们的设置都是每周一次,每次一个半小时。其中一个研讨会以前一直是和我的同事兼朋友布莱斯·波尔共同带领的,直到 2001 年他去世。这两个研讨会都常年持续进行,不设定结束时限。研讨会的形式数十年来发生了细微的变化。我们会在连续进行的三到四次会面中讨论一篇文章,然后接下来的三到四次会面中由一名研讨会成员呈报与他(她)的患者正在进行中的分析工作,二者交替进行。在讨论临床案例的那些会面中,呈报者阅读自己就最近一两次分析会谈记录的文字稿,并在他或她可以接受的范围内提供尽可能多的遐想和其他反移情体验。

研讨会的成员相当稳定。每个研讨会中的 10~12 名成员参加研讨会的时间平均超过五年。研讨会不设定结束期限与成员的长期参与,这两个特点加在一起,让研讨会似乎拥有了一种永恒的特质。仿佛我们可以用世上所有的时间去关注一个案例,阅读一篇文章,或追随一个岔开的话题(只要我们仍然对它感兴趣或讨论有成果)。如果我们这周没有做到,那么下周我们会做到,又或者再下周。

与研讨会有关的方方面面都是基于自愿原则。这些小组不与任何培训项目挂钩;不颁发参与证书;不要求成员必须呈报案例,甚至对于是否参与讨论也没有要求。成员随时可以离开研讨会,不需要给出任何解释,而(在我可以决定的程度上)不会被视为对小组的背叛或是失败。有些人参加几年后离开了,然后在十多年后又回来了。另一些人只参加了几次或几个月，因为发现研讨会讨论的深度、小组历程或研讨会的其他方面不适合他们。

研讨会成员的组成在不同时期有所不同，但总是包括在临床经验和对精神分析理论的掌握程度上差异很大的成员。绝大多数研讨会成员都拥有十五年以上的临床经验，但小组中总有一些参与者是才刚踏入这个领域的。最近，其中一个研讨会小组的几乎所有成员都已经完成了正式的精神分析培训，而另一个研讨会小组中却只有很少这样的成员。尽管存在这种差异，但我发现两组的活跃程度和在讨论中的成熟度是不相上下的。

一种阅读精神分析作品的方式

过去数十年里在研讨会上阅读精神分析作品的经验让我越来越意识到，一个作家要表达的理念与他表达这些理念时使用语言的方式是密不可分的。具有某种想法和说出自己的理念是两回事，而说出自己的理念又和用写作的方式呈现这些理念是两回事。一篇精神分析作品不仅必须包含原创思想，还必须"成为"一篇作品，提供一种阅读体验。对于一篇精神分析作品，如果我们只是复述文章的观点并以此为基础进行讨论，那就损失了这篇文章作为一部作品的那部分价值。词语、句法、声音、句子和段落结构等结合在一起，以语言为媒介来制造效果和传达思想。因此，在过去的九到十年里，在研讨会上研读精神分析作品或书籍时,我特别喜欢,也认为很有必要,逐句逐段地把文章大声读出来。对我来说,如果不这么做,就好比只通过复述情节来研读短篇小说一样(会丢失作品的很大一部分价值)。

在研讨会上,阅读弗洛伊德(Freud,1917)的《哀伤与抑郁》,温尼科特(Winnicott,1945)的《原初情感发展》或伯杰和莫尔(Berger & Mohr,1967)的《一个幸运的男人》这样的文章,每篇需要花两到三个月的时间(以每周一次的频率);阅读比昂的(Bion,1962a)《从经验中学习》用了将近一年。通过这样阅读文章和书籍,我们很快发现,好的作品经得起大声朗读的考验,而平庸的则不能。

我在研讨会上带领成员精读文献的体验体现在我过去十年中写的一系列作品中(Ogden,1997c,d,1998,1999,2000,2001a,b,2002,2003a,2004b;另见第七章和第八章)。我的这些写作影响了我们在研讨会进行精读的体验,反过来研讨会上的精读体验又影响了我写这些文章。(对我来说,教学和写作是密不可分的:我写下我所教的,也教授我所写的。)

我一再发现,大声地逐句朗读深刻地改变了我们在研讨会上进行的讨论的性质和质量。我觉得我们不仅是在讨论作者的想法,还带着知性与情感将自己沉浸在作者的思考和写作方式中:他是怎么说话的,他的价值观是什么,他是个怎样的人,他正在成为怎样的人,以及,也许最重要的是,通过一起阅读这篇作品体验我们正在成为怎样的人。

在好的写作中,作者为读者创造出一种仿佛在参与讨论的阅读体验。在本节以及本章后面几节中,我希望不仅告诉读者我是如何教精神分析的,还向读者展示我教学过程中的一些方面。例如,在大声朗读罗伊沃尔德(Loewald,1979)的《俄狄浦斯情结的消退》一文时,人们可以听到忠实的经典弗洛伊德学派的罗伊沃尔德与革新派的罗伊沃尔德之间的紧张关系。罗伊沃尔德并不认为俄狄浦斯情结是由于面对阉割威胁而将父母禁令内化的过程,而是视为孩童试图将自己从父母权威的束缚中解放出来的、幻想的以及现实中的(我后面将要讨论这一点)对俄狄浦斯父母的谋杀。

罗伊沃尔德认为,对父母权威的反抗和占有这份权威,为孩子建立起自主并对自己负责的自我意识奠定了基础。在健康发展的情况下,俄狄浦斯式的弑亲会伴随着对谋杀的救赎和对父母权威的复原,但由于他们现在是已经日益变得更自主的孩子的父母,这种父母权威的性质发生了变化。因此对罗伊沃尔德来说,俄狄浦斯情结本质上是父母和子女之间的一场战争,促成了代际传递(见第七章对罗伊沃尔德1979年论文的精读)。

我们可以在罗伊沃尔德的声音中听到,他自己想要从他那个时代的精神分析传统思想中"获得解放的冲动"(p.389):

> 直言不讳地讲,在我们作为孩子的角色中,我们通过真正地解放自己而确实杀死了父母身上某些至关重要的东西——不是通过致命一击,也不是在所有方面,但确实促成了它们的死亡。而当我们成为父母时,会经历同样的命运,除非我们削弱孩子的能力。

(Loewald,1979,p.395)

这段文字堆积了许多强有力的单音节词(这对罗伊沃尔德来说是非

同寻常的):畏惧、直率、角色、杀死、命运。我们可以听到和感受到这些词——这些质朴的盎格鲁-撒克逊式的语言——就像持续跳动的脉搏,在日常生活里事情一件接一件发生的那种不带情感的就事论事。他用这样的语言创造的体验,捕捉到了代际传递以及生活与责任的代际迁移这个既平常又不寻常的过程中的某些东西。这种责任的迁移正在当下的阅读体验中发生,这体现在观念从一代分析师传到下一代,从弗洛伊德传到罗伊沃尔德,从罗伊沃尔德传到读者。

我们在研讨会上大声朗读罗伊沃尔德的《俄狄浦斯情结的消退》的最后一节时发现,他文章里的句子之所以令人困惑,不是因为他的想法太复杂,而是因为语言不那么清晰明了。例如,在讨论与边缘型人格障碍患者的分析工作时,罗伊沃尔德说:"(而与边缘型人格障碍患者不同的是,)我们通常遇到的神经症性质的冲突,从这个不同的基础来看,是对上述那类患者(指边缘型人格障碍患者)不顾一切地追求的基本需要的一种模糊的反响与含混的呼应"(pp.399-400)[1]。这个句子的结构很扭曲,理解起来令人痛苦。我读了很多遍才慢慢开始有点理解罗伊沃尔德在表达什么,但即便如此,我仍然感觉似乎这个句子中有好些词选择不当。例如,"不同的基础"是指某种神经症患者和边缘型人格障碍患者并不共同拥有的基础?为什么罗伊沃尔德使用"含混的呼应"这样的短

1　句子中所说的不同的基础,很可能是指罗伊沃尔德文章上一段中提到的,神经症患者和边缘型人格障碍患者在发展水平上的差异,对于神经症患者来说视作理所当然的主体和客体的分化、分离和个体化,对于边缘型人格障碍患者来说并没有建立起来。奥格登认为罗伊沃尔德这里的表述含义不清,可能造成歧义。——译者注

语？这样的表述似乎暗示着,边缘型人格障碍患者所体验到的冲突呼应
了(源于)神经症冲突？他提议把神经症冲突的起源放在边缘型人格障
碍的精神病理之前的这样一种发展序列,是出于什么样的逻辑呢?(从上
下文来看,显然罗伊沃尔德并不赞同这样的观点。)

我认为,在罗伊沃尔德文章的这一部分中呈现出来的语言的破碎,
反映了他思想的破碎。毕竟,写作是一种思考的形式。罗伊沃尔德在行
文进行到这里时,大胆地偏离了经典弗洛伊德学派和美国自我心理学派
的思想。罗伊沃尔德在这篇文章前面的部分提出,健康的(普遍存在的)
"精神病性的内核"(p.400)是个体"正常精神生活的活跃的组成部分"
(p.403)。当时普遍认为俄狄浦斯情结及其"子嗣"超我对于形成神经症
性的以及健康的(充分分化的)精神结构是决定性的,而罗伊沃尔德强调
俄狄浦斯情结的原始和未分化维度的重要性,他的这种理论构想激进地
打破了当时的普遍观念。

尽管罗伊沃尔德在文章的前面已经这样阐述了他的思想,但从我
们正在讨论的这个含糊的句子开始,就放弃了他偏离传统的原创思
想,转而拥抱了他那个时代的主流思想:"在典型的神经症中,或许不
需要专门对它(精神病性的内核)进行分析"(p.400)。这与他先前所
说的相抵触,他先前说,精神病性的内核是俄狄浦斯情结固有的部分,
对这部分的分析必然是对俄狄浦斯情结彻底分析的一部分。是否罗
伊沃尔德真的相信,患有"经典神经症"的人,完全不受与精神病性的
内核相关的那些精神病理的困扰？这些精神病理可能呈现为:"分析
中的原始移情问题,复杂的移情–反移情现象,以及和他人之间的潜意
识直接交流"(p.399)等形式。在一次研讨会上,当我们阅读和讨论罗

伊沃尔德的《放弃》时,小组报以一声叹息:小组成员感到罗伊沃尔德已经暗暗破坏了本来已经为俄狄浦斯情结注入新活力的他自己的原创性思想。这感觉像是罗伊沃尔德对读者食言了——他背弃了自己的承诺,即顶住内部和外部的各种压力,坚持说出自己相信是真实的话。我相信,研讨会成员这种强烈的情感反应至少部分地来自,通过这种大声朗读文章的方式,在小组成员和作者之间创造了一种相当直接的个人联系感。

　　研讨会对所朗读文章中的语言产生强烈反应的另一个例子发生在,基于罗伊沃尔德(Loewald, 1979)的我们从父母那里解放自己的观点的讨论中。罗伊沃尔德是这样说的,“我们确实杀死了父母身上某些至关重要的东西——不是通过致命一击,也不是在所有方面,但确实促成了它们的死亡。而我们成为父母时,会经历同样的命运,除非我们削弱孩子的能力”(p.395)。在讨论到文章的这部分时,一位研讨会成员讲述了,她在年龄超过她母亲去世的年龄后的那几年中,感受到了对死亡的极其痛苦而切身的恐惧。她接着讲述说,有孙辈之后的体验并没有消除这种恐惧感,但改变了这种感受。她现在觉得,自己的人生不仅有制造一些东西的体验,而同样重要的是,也有为他者腾出空间的体验。“我的衰老和走向死亡的过程现在似乎有了一个目的,一种用途——这让死亡于我变得不那么可怕。如果我是在10年前读罗伊沃尔德的文章……我不会这样说。在过去的15~20年的时间里,我曾多次读过这篇文章,但没有一次像现在——我们在此时此地阅读、聆听并讨论这篇文章——这样被打动。我现在能够在罗伊沃尔德的作品中听到父母的声音,教我在自己目前这个人生阶段如何为人父母。”

另一位研讨会成员则评论道:"我觉得在这个句子中,促成/贡献这个词所指的,不仅仅是我们的孩子在夺走我们权威的过程中所起的作用,即把我们向前推,推到死亡的悬崖边缘。在我看来,这个词还意味着,我们的孩子给予了我们一些有价值的东西,帮助我们学习如何面对衰老和死亡,如何在衰老和走向死亡的过程中活出自己。"

还有一名研讨会成员评论说,将权威移交给下一代不完全是一种丧失。她描述了自己不再像过去那样为自己孩子的生活负责时所体验到的自由感。"就好像是还清了债务。变老不仅意味着父母腾出空间让孩子成为能够承担责任的成人,也意味孩子为自己承担起责任,为父母腾出空间,让父母以一种新的方式获得活力与自由。"

研讨会上其他几位有年幼孩子的成员谈到,他们害怕自己孩子离家的那一天来临。他们害怕在孩子离家后,作为父母,他们不再拥有与孩子在一起的"真正的"生活,而只剩一种生活的残迹,这会让他们感到极度空虚。小组中的一位年长成员说,不幸的是,这些恐惧是有理由的;他的经验是,虽然孩子离开家会让父母有更大的自由,但这种自由并不能弥补他生活体验中所失去的活力与乐趣:"对我而言,没有任何经验可以像通过孩子的感官和体验来看世界那么真切与鲜活,哪怕是与之仅有那么一丁点儿相似的经验也没有。"我以打趣回应说:"上帝以他无穷的智慧创造了青春期。在孩子6岁时,想到要离开这个可爱的小灵魂(特别是当我们看着他们睡觉的样子时)会令人无法忍受。但幸运的是,他们在12岁或13岁时变得疯狂,而到了他们16岁时,我们会开始为他们离家的日子倒计时。如果不是因为有青春期,我们绝不会让他们离开。从这个意义上说,我们杀死了自己青春期的孩子，我们促成他们结束自己作为孩子的生活，以此来帮助他们成长。"

有人可能会反对说，不一定非要大声朗读罗伊沃尔德的作品并逐行讨论，才能引发这样的回应和讨论。我无法从理论上反驳这种观点。但在我的经验中，事实上，在我没有以大声朗读的方式来讲述罗伊沃尔德1979年的这篇文章时，所引发的讨论远远不如我在这里描述的那样具有如此强烈的情绪和丰富的智力挑战性。

临床教学作为一种集体做梦

我将精神分析临床教学看作，研讨小组在处于"自发进展中"（Winnicott，1964，p.27）的情况下，进行的一种集体做梦的形式。研讨会成员既作为个人又作为一个集体进入一种做醒着的梦的过程，在这个过程中，研讨小组帮助案例呈报者梦出，他的临床体验中先前无法靠自己梦出的那些方面。在这里，一种集体潜意识被建构起来（一种形式的"分析第三方"）（Ogden，1994），它大于所有参与者各自潜意识的总和，而与此同时，每个参与者又保留了自己独立的主观性和个人的潜意识体验。下面，我将描述一个精神分析研讨小组是如何通过集体做梦来进行教与学的。

在呈报自己的一个进行到第三年的临床分析案例时，R医生一开始就说，她发现被分析者D女士"迷人""有趣""在临床上很挑战"。患者成年以后的大部分时间都在接受分析,她说她认为自己的每一段分析都是"有帮助的"(引号中的部分是R医生对自己的话和患者的话的表述)。

患者在一个中上阶层的家庭中长大,这个家庭呈现给外界的形象是"完美的",而实际上她的父母都是"见不得光的酒鬼"。他们每天晚上都会喝得醉醺醺的,然后互相用恶毒的言语攻击对方,尤其是对方的性功能障碍。他们经常出其不意且毫无由来地突然将恶意转向患者。在患者五六岁时,她已经学会了躲进自己的房间里,把电视机音量调到最大,或是戴上耳机,"让喧嚣的音乐轰炸她的脑袋"。

我听着R医生呈报案例,刚听了开头几分钟,我产生了一种心烦意乱的感觉——主要体现在我的胃绞痛。我思考着这种感受,对于R医生使用"迷人""有趣"和"在临床上很有挑战"这些词开始感到越来越不安。在我看来,这些陈词滥调与她正在讲述的患者之间是脱节的。患者用了"有帮助"这个词来形容她之前的分析,这听起来是如此平淡乏味,以至于让我觉得是对她的分析经历的嘲弄,包括之前的分析和现在正在进行的分析。R医生和她的患者所使用的这些空洞的词是如此词不达意、闪烁其词,以至于令人抓狂。一个想法/意象一闪而过,我体验到,自己就像是个被动而无助的观众,在观看舞台上正在上演的野蛮的戏码。

我告诉R医生,我对她描述的分析场景感到不安。我说,尽管她觉得患者"迷人",但在我看来,似乎有一些别的什么东西在暗流涌动,感觉好像恰恰是患者所说的先前所有那些分析"有帮助"的反面、黑暗面。一名研讨会成员说,她也感觉有些"别的东西"正在发生。她说,R医生在呈报这个案例时,声音听起来与以往不同。"我无法描述不同在哪里,也许这只是我个人的想象。我不确定。但你的声音听起来不像你自己的。"在这之后,研讨会沉默了近一分钟(这是很不寻常的)。

R医生似乎无视了我们的话,她说:"患者是个非常聪明的女性,她博览群书,能够以极富见地的方式谈论小说、诗歌、电影、艺术展览等。她的梦也很优雅,而且似乎体现了很细腻的心理状态。所以,从某种意义上来说,一切进展顺利。但她在分析中做得太好了,以至于我发现自己没什么可贡献的了。在与她的分析会谈中,有好几次我发现自己在开小差,想到我在住院医生实习期间,一位分析师呈报自己的一个分析案例时说的话。他的患者似乎自己在进行分析。一位住院医生问他为何会有这样的感觉。这位分析师说:'只要她自己做得很好,那我就觉得没问题。'他话语里的那种轻率让我感到不安。他似乎并不想去思考,自己被患者如此彻底地排除在分析之外意味着什么。大约一年后,我听说这个患者自杀了。"

接着,R医生以一种有些刻板的方式呈报了更多的"背景材料",包括关于患者的多种躯体疾病的描述。D女士在过去十年间每年都会得一两次肾结石,部分原因是她为了治疗慢性胃炎而"像老烟鬼一根接一根地抽烟一样"连续不断地服用抗酸剂。患者说,她的医生认为她可能需要手术来从右肾取出一块大结石,因为这块结石间歇性地堵塞了尿液在右肾的流动。R医生中断了自己的叙述,她说,在讲述患者的这部分病史时,她感觉越来越焦虑,几乎感到恐慌。她感觉自己的头脑好像停止运作了。"关于这个患者,我无法分辨哪些是真的。我刚才所说的关于她的一切都有可能是她编造的一系列故事。关于她以及关于我们的分析，我觉得自己不知道什么是真的、什么是假的。"R医生的痛苦让整个小组被焦虑和担忧的情绪所席卷。

一位研讨会成员对R医生说，当R医生谈论患者的躯体疾病时，他感到越来越焦虑。他说，他想起了电影《人体异形》[1]。他觉得R医生的话不是在交流感受和思想，而是像细菌孢子一样在感染他，并且会像患者的肾结石（而且是恶性的、自己有生命的）一样在他体内滋长。他说当他聆听R医生的讲述时，他感觉被困在这个房间里并且需要克制想要离开的冲动。

我对R医生说，我觉得，她此刻的感受，与她前面谈到的遐想有关，即那段关于分析师未能意识到自己是怎样被患者排除在外的遐想。那段分析对R医生来说似乎意味着，当分析师未能听到患者试图通过非言语途径进行的交流时，会导致的灾难性后果。

R医生说，她对自己和D女士的工作非常忧虑。过去几个月里，她都无法安稳地入睡，她会一直醒着，反复思考在当天的分析中她对D女士说过的话和她觉得应该说的话。

我告诉R医生，我想象，当她被告知她说话听起来不像她自己，她会感到惊慌。"我想，不是你自己（不是用你自己的声音说话）这个观点令人非常不安。这种状态感觉就像是被别人占领了一样。我怀疑，这种被占领的恐惧正是当D女士醉酒的父母互相撕扯然后又来折磨她时，她所体验到的感受。患者在孩提时代已经尽了最大努力，来将自己

1　*The Invasion of the Body Snatchers*，又名《天外魔花》。——译者注

与父母分开,也与自己以及自己的感受断开(例如,将震耳欲聋的音乐灌入耳中)。"R医生回应说,听到我这么说,她感到自己的焦虑渐渐消退了。

在一下次研讨会开始时,R医生说,她在前一天晚上做了个梦。"在梦里,我在一个人潮拥挤的地方。我不知道是哪里。我牵着女儿的手。在梦里她大约三岁。突然间,我发现她走丢了。我不觉得我放开了她的手,但她不见了。我吓坏了,竭尽全力地大声喊她的名字。后来,一对夫妇把她带了回来。我知道他们好好地照看了她,但她看起来很害怕。我一次又一次地拥抱她,但我们都止不住地颤抖。"R医生说,她不曾意识到,自己这一段时间以来有多么害怕,自己在与D女士的工作中正在失去自己的心智和自我。在她看来,她梦中的这对夫妇代表了研讨会小组。她补充说,尽管她觉得(上次在研讨会小组的帮助下)找回了自我,并为此感觉大大地松了一口气,但整个经历使她感觉很不安稳。

在上面的第一次研讨会中我所描述的那些心理变化所发生的空间,基于"时钟时间"是大约一小时,但在"梦中时间"里是无限的。小组成员作为个人以及作为一个集体(意识地和潜意识地),参与了帮助R医生梦出她在与D女士的分析中所经历的体验。对于R医生的无法思考也无法分辨D女士所说的哪些是真、哪些是假的体验,我的回应在很大程度上有赖于研讨会集体做的醒着的梦。这些"梦"包括:我自己的一闪而过的醒着的梦,即体验到自己就像一个被动而无助的观众,在观看舞台上正在上演的野蛮戏码;一名研讨会成员感觉R医生声音不像是她自己的体验;以及关于身体被掠夺,人的部分被非人的部分所取代的遐想。

研讨会中所发生的(我在这里试图用语言来组织和描述的)集体做梦,帮助R医生梦出了她的分析工作中自己先前无法梦出的部分。这一集体做梦过程的一部分(仅仅是一部分)呈现为,R医生梦见自己失去了自我,并在一对夫妇的帮助下重建了自我。这个梦并不涉及对患者或分析师的生活体验的躁狂性回避。它涵盖了关于这一情境的全部复杂性,包括这样一个事实:失去自我的恐惧是永远无法消除的,而是会作为自己的一部分存在着(表现为在梦里R医生与女儿团聚之后依然止不住地颤抖)。

我在上面所描述的,就是小组参与梦出某个同行自己无法梦出的临床体验中的一部分的过程。在我看来,这个过程是精神分析临床教学的核心。

阅读诗歌和小说作为"倾听训练"的一种形式

多年来,诗歌和其他形式的富有想象力的作品对于帮助我们在我带领的精神分析研讨会上做梦至关重要。把研讨会的时间用来阅读和讨论一首诗或一篇小说有多重目的。在阅读优秀作品以及讨论其写作手法中获得乐趣本身就是我们的目的。与此同时,在精神分析研讨会上阅读诗歌和小说也是一种"倾听训练"(Pritchard,1994)——让我们提升自己的觉察和感受能力,能够更好地体验到语言的使用方式是如何制造某种感官效果的。这可能体现为,用我们的耳朵去捕捉:声音和"弦外之音"(Frost,1942,p.308)中的细微得难以觉察的表达;在语言的歧义与隐喻中凝缩的多种迥异的含义;通过韵律、谐音、和声、头韵等方式创造出的"令人赞叹的关联"(Frost,由Pritchard引用,1994,p.9)。

这些语言发挥效用的方式同样也构成了患者和分析师之间交流思想和情感的主要途径。例如,我在早先的一篇文章(Ogden,2003b)中讨论过一个患者,在我们的初次会谈开始之前,他在通往等候室入口的走道里来回踱步了几分钟。尽管我已经给了他明确的指示,但他依然无法确定,两扇门中的哪一扇是等候室的门。我们初次会谈的大部分时间都在讨论他的这个经历。在那次会谈快结束时,患者说:"在外面,我感到如此迷失"(p.604)。试想一下,假如患者的陈述变成这样:"我在外面感到很迷失。"读起来效果将会是何等不同。患者的描述方式制造了一种将他自己的"外面"的部分(以及这个句子中的这部分)从句子的其余部分孤立出来的效果,此外,"我感到如此迷失"这几个词将"迷失的体验"这样一种感受带到了和我在一起的这个房间里面,带进了我们的分析中。我并不认为,患者是有意识地用这种方式构建这个句子,来实现这样的效果;我认为是他的意识和潜意识情感体验的结构与变化路径造成了他下意识地构造这个句子的方式。[1]

在研讨会上通过阅读诗歌和小说来进行倾听训练的诸多经验中,让我尤为印象深刻的是,阅读威廉·卡洛斯·威廉姆斯(Williams,1984a)的《医生的故事》中的两个短篇小说的体验。威廉姆斯不仅是20世纪美国

---

1 在英文中迷路和迷失都可以用"lost"这个词来表达。——译者注

最重要的诗人之一,他还是一位全职医生,20世纪20—40年代在新泽西州贫穷的乡村地区行医——《医生的故事》一书中的所有篇章都是虚构的,但明显吸取了作为医生的威廉姆斯的经验。在这些短篇小说中,我最喜欢的一个故事是《满脸粉刺的女孩》。故事的开头写道:

> 一位当地药剂师发来信息:夏天街50号,二楼,左边门的人家。这个婴儿是刚从医院带回来的。我可以想象情况很糟……我上了楼,发现没有门铃,于是我用力地敲打左边的波浪形玻璃门板……
>
> 进来。一个稚气的声音大声说。
>
> 我打开门,看到一个大约15岁的女孩,披着一头柔软的长发,她正站在厨房餐桌旁嚼着口香糖并好奇地看着我。她头发是煤黑色的,一只眼睛的眼睑在说话时有点下垂。嗯,你想干什么? 她说。哦,天哪,她很强硬也不苟言笑,但我立刻就被她吸引了。她身上有种强硬和直接,这本身就给人一种她很优秀的印象。
>
> 我是医生。我说。
>
> 哦,你是医生。宝宝在里面。她看着我,你要见她吗?
>
> 当然,我就是为此而来的。
>
> （Williams,1984b,pp.42-43）[1]

1　摘录自威廉·卡洛斯·威廉姆斯的《威廉·卡洛斯·威廉姆斯故事集》,版权所有©1938威廉·卡洛斯·威廉姆斯。经新方向出版社(New Directions Publishing Corp.)授权再版。

当我在研讨会上大声朗读这段文章时，好几位成员都笑了，其中一位还哈哈大笑。这些句子中，每个词都棱角分明，并且和故事中的医生和女孩一样精干迷人。（叙述者的声音就是故事本身——如果从情节来看，在这些句子中，根本没有发生任何一丁点儿有趣的事情。）

威廉姆斯用他的"案例报告"的开篇这几行文字为我们设定了，作为精神分析写作者和案例呈报者的写作标准。研讨会成员倾听着，敏锐地意识到，要如此精准地传达，在这个相遇的场景中的每时每刻，患者是怎样的，医生又是怎样的，在语言运用上所蕴含的技巧、经验和心力。威廉姆斯的患者是"一个大约15岁的披着一头柔软的长发、嚼着口香糖的女孩"。他所选择的词汇柔软的长发（lank haired），其发音完完全全传达出了青春期慵懒的感觉——一种刻意的低垂，无须说一个字或动一动（除了不紧不慢地嚼口香糖和垂下眼睑以外），就能传达倨傲的姿态。但与此同时，这个女孩自己也对医生感到好奇，她把这份好奇隐藏在要求医生就他为何侵入她的生活空间做出合理解释的质疑中："嗯，你想干什么？她说。"威廉姆斯没有用引号，这产生的效果是，模糊了说出来的话和只是在头脑里的想法之间，以及他自己和女孩（显然在她身上他看到了他自己）之间的区别。他立刻就被她吸引了，而她对他也是如此："哦，天哪，她很强硬也不苟言笑，但我立刻就被她吸引了。"而作为读者，我们也立刻被这两个人物吸引。

在威廉姆斯的写作和读者的阅读体验中，不仅这两个人物被梦了出来，女孩居住的世界也变得鲜活起来。这个世界在情感上是贫瘠而孤立的——这是个女孩，而不是一个成年人，她遇到了医生，这个医生前来诊治一个病得很厉害，或许是生命垂危的婴儿。然而，他们之间擦出了火花。这个披着柔软长发的女孩和这个医生丝毫没有让女孩世界的贫瘠和孤立削弱他们的活力。所有这些内涵都包含在这一小段环环相扣的精妙字句中。

这个故事的语言和精神分析写作中的语言一样，不是装饰品，也不是将信息从作者传递给读者的载体。无论是虚构文学作品还是精神分析叙述（如第三章所讨论的，这必然也是一种虚构作品），故事的语言都是为了创造一种有待读者自己去亲历的体验（另见 Ogden，2005b）。写作并不是在重现已经发生的事情，而是在写作和阅读体验中创造出一些新的东西。很少有作家比威廉姆斯更能教会我们如何做到这一点，只要我们，无论是作为精神分析写作的作者还是案例呈报者，愿意让他来教——通过密切关注（敏锐倾听）他在做什么以及他是如何做的。

《医生的故事》中的另一篇小说《强力的使用》（Williams，1984c）则通过写作营造出了医生（也指分析师）在临床工作过程中进行强力干预时所引发的复杂情感。和上一个故事一样，这个故事的力量也在于医生/叙述者的声音，正是写作中的这部分为我们提供了最为丰富的进行倾听训练的机会。《医生的故事》整本书，尤其是这个故事，似乎是威廉姆斯创造出来，来对自己谈论自己的医生生涯中令人困扰的部分的。这个故事中的叙述者是一位在情感上被撕扯的医生，他正试图从一个可能患了白喉的吓坏了的女孩身上获得咽喉组织标本。我们来听听这个叙述者的声音：

　　……我说，来吧，玛蒂尔达，张开你的嘴，让我们看看你的喉咙。

　　没反应……

我只好对自己笑笑。毕竟,我已经爱上了这个野蛮的小鬼;她的父母对我很轻蔑。在接下来的搏斗中,当她随着对我的恐惧不断上升而使得她疯狂的暴怒也飙升至极高时,她的父母变得越来越绝望、心碎而又精疲力竭。

（Williams,1984c,pp.57-58）[1]

什么样的医生会这样说话? 叙述者的声音中正在发生什么? 这个医生是不是把自己隐藏起来,而对自己的生活使用了菲利普·马罗式[2]的叙述? 如果不是,那么这个声音比马罗更复杂、更有趣、更有吸引力、更折磨人的部分体现在哪些方面呢?

在这段文字中,读者也被要求看到自己的野蛮之处,在他作为父母、配偶、朋友、分析师等的角色时自己能识别出来的野蛮之处。如果一个人要履行医生的责任,那这种野蛮似乎是不可避免的,然而这也是恐惧、羞愧和悔恨的来源。如果我对自己坦诚,那我需要承认,对每一位长程治疗的患者我都付诸这种野蛮——例如,在与一位孩童时期被严重忽视的患者的分析中,我常常在会谈开始时迟到一小会儿。

这里的叙述者的声音不是说教的,也不是忏悔的。那是一个人决心

1　摘自威廉·卡洛斯·威廉姆斯的《威廉·卡洛斯·威廉姆斯故事集》,版权所有©1938威廉·卡洛斯·威廉姆斯。新方向出版社（New Directions Publishing Corp.）授权再版。

2　Philip Marlowe-style,一位私家侦探,出自作家雷蒙·钱德勒的侦探小说的著名的虚构人物。——译者注

要对自己诚实的声音。叙述者的诚实本身就是野蛮的："她反抗，咬紧牙关，不顾一切地！但现在我的暴怒也在滋长——对一个孩子的暴怒。我试图让自己平静下来，但我做不到（Williams，1984c，p.59）。"叙述者在承认自己暴怒的全部力量之后，他接下来的声音变了："我知道该怎样打开一个喉咙做检查（p.59）。"这里有一种自我辩解的口吻，几乎像是在恳求能够从自我攻击的情绪中得到一丝喘息。但是，他声音中那种未说出口的恳求并不那么急迫。这是一种"医生式的"声音，已经让自己从情感上远离了那个情境："我知道该怎样打开一个喉咙做检查。我已经尽力了（p.59）。"那个"野蛮的小鬼"已经变成了"一个喉咙"。

读者/听众可以从这个医生的声音里，听到一种想要不惜一切代价击败这个孩子（而不再是击败疾病）的需要（这个需要现在有了自己的生命）："我们正在处理（p.59）。"对于正在发生什么，在这句话里蕴含的真相，要远多于之前那句医生式的合理化："我尽力了"。

但医生野蛮的声音又发生了细微的变化，这个变化又重新燃起了我们对先前那个问题的好奇："什么样的医生会这样说话？"威廉姆斯继续说："这孩子的嘴巴在流血。在她疯狂地歇斯底里地尖叫时，她的舌头被割伤了（p.59）。"现在流血的不再是"那个舌头"，而是"她的舌头"。"也许我应该停下来，过一两个小时再来"（p.59），然后，他去掉了闪烁其词的"也许"，继续说道："无疑这样会更好（p.59）。"说最后一句话的这个声音，已经在写作这个故事的过程中，经由与自我交谈的经历而改变了。这句话不是一个粗暴的自我谴责。用词的节奏慢了下来，仿佛说话者停下来喘了口气："无疑这样会更好。"这些词很简单（几乎都是单音节词，只有一个词例外），词语的发音很柔和，没有硬辅音。

但是,内心的挣扎并未就此结束——生活永远不会那么简单:"但是,我已经看到,至少有两个这种情况的孩子,因为疏忽而躺在床上死掉,,我觉得我必须现在就得到一个诊断,不然就永远没机会了"(p.59)。对读者和叙述者/医生来说,用孩子"死于疏忽"的例子来自我辩护听起来有些空洞:"但最糟的是,此前我也一度失去了理智。盛怒之下,我恨不得把那孩子撕成碎片,还很享受这个过程。向她发起进攻让我得到快感,我的脸也因此变得火辣辣的"(p.59)。

现在他已经说出了一切——而且必须这样全部说出来。这种快乐已经如此明显而又令人不安地呈现在语言中,以至于如果不是坦率地直截了当地说出来,就不可能真正地解决。即便这里的"解决"只是"片刻的停顿"(Frost,1939,p.777)。医生最终"成功"地撬开女孩的嘴巴,看到她扁桃体上的白喉膜,并获得喉部组织标本,其意图不全是挽救生命,也是出于狂乱而残忍的暴怒。故事结束了:"现在她真是怒不可遏了。此前她一直在防守,但现在开始进攻了。她挣扎着想离开她父亲的膝头,向我猛扑过来,眼里噙满了失败的泪水"(p.60)。"什么样的医生会这样说话?"这个问题已经变得越来越丰富和复杂,包含许多层次。难怪在分析中,当我们过早地将某些大部分时间都持续存在于患者潜意识的东西用语言呈现出来之后,患者会猛扑过来攻击我们。潜意识内容之所以存在于潜意识是有充分理由的。如果我们太快知道太多内容,而无法把这些内容保留在内心(Winnicott,1968),被分析者的眼中就会噙满"失败的泪水",在字面意义上以及在隐喻意义上。

比昂(Bion,1962a)提出分析师必须倾听自己的倾听。我要补充说,分析师还必须倾听自己的话,并在这过程不断地问自己:"什么样的医生会这样说话?""当我以这种方式与这位患者说话时,我是什么样的人?"

要能很好地聆听自己,不仅需要对反移情的彻底分析和持续审视,还需要"倾听训练"。正因为如此,我认为在分析研讨会上阅读诗歌和小说不是虚掷时光,也不是从"真正"的分析性阅读中小憩一下,而是精神分析教学不可或缺的一部分。

学习忘掉先前所学的艺术

教授精神分析和实践精神分析一样,也是一门艺术。在很大程度上我们是从自己的老师那里学习教授精神分析的艺术。30多年前与我的一位老师的经历我至今仍历历在目。

那是我在英格兰一家大学附属医院工作期间,我参加了一个巴林特小组,待了大约一年的时间。这个小组由英国国民医疗服务体系的七名全科医生和一名小组带领者J医生组成,J医生是英国国民医疗服务体系的一名精神分析师和顾问精神病学家。小组在持续两年的时间里每周会晤两小时。小组的目标是帮助医生更好地从心理维度思考他们与患者的工作。在那个年代,英格兰的全科医生每天上午在诊疗室见患者(通常无须提前预约),而下午则前往无法离家或卧床不起的患者家中轮流探视。

我们发现,许多(或许是大多数)患者咨询全科医生主要不是为了治疗躯体疾病。在没有意识到的情况下,他们去看医生,是希望与之谈论自己的情感问题。正是出于这个原因,参加巴林特小组的这些全科医生觉得自己需要进一步学习如何与患者讨论他们的心理困境,特别是当患者表面上咨询的是躯体问题时该如何处理。该小组的七名全科医生包括五男二女,年龄在三十多岁到五十多岁之间。我作为一名"参与性观察员"参加小组,与小组带领者一起对全科医生呈报的临床体验从情感维度上(以日常的、非技术性的语言)做出评论。那时我还不到三十岁,完成精神科住院医生实习才几个月,显然是这个小组中最需要学习如何做一名医生的成员。

　　每周J医生在会议开始时会问:"谁要呈报案例?"而小组成员总是会报以不自在的沉默,他们全都盯着自己的鞋子,尽量避免与J医生目光接触。一两分钟后,其中一位医生会开始描述自己最近与某个患者的经历。其中一次会议上,一位四十出头的全科医生L说,他的一个患者给他留言说,她年迈的母亲(也是这位医生的患者)已经在自己的床上去世了。大约一小时后,L医生去"看了看"。他为这位老妇人做了简单的检查,确认她已经死亡。L医生说,于是他叫了救护车把这位母亲送往太平间。J医生问道:"你为什么这样做?"L医生对这个问题感到惊讶,他回答说:"因为她死了。"小组也对J医生的问题感到吃惊。J医生在L医生不满地瞪着他看了一会儿之后,问道:"为什么不和这个女儿一起喝杯茶?"和L医生一样,我和小组中的其他全科医生曾认为的常识是,在这种情况下医生的职责是,做出必要的安排,把这个母亲的尸体送入太平间。与这个女儿一起待在她的公寓里,而让她母亲的尸体躺在隔壁房间的感觉一下子变得真切起来,令小组感到不安——除非一个人对自己的体验很麻木,不然尸体是会令人害怕的。整个小组安静了下来,在想象中在母亲的尸体旁边待了一会儿。

L医生（以及我们这些认同L医生的人）已经进入了一种行动模式，那就是尽快将母亲的尸体搬走。我们当中谁也没有想过要问问自己，为什么在医生到达之前，这个女儿是独自和她母亲的尸体待在一起？是否她没有丈夫、孩子或者其他家人可以叫来陪她？还是说，她只想和她母亲单独待一会儿？也许她在等待医生的时候，希望他会和自己以及母亲的尸体一起待一会儿。

"喝杯茶"意味着对各种可能性保持开放，允许要发生的事情发生，无论那是什么。喝杯茶意味着允许这件事暂时可以不受时间约束，允许女儿（在医生的帮助下）梦出自己的体验，也就是对其做潜意识的心理工作。"为什么不和这个女儿一起喝杯茶？"——这样一个多么普通的问题，一种对女儿何等尊重的行为，一种对这位女性和她母亲的医生而言如此简单却又充满人性的方式。

我刚刚描述的这段巴林特小组的经历，就是L医生和其他小组成员学习忘记的一个例子，忘记（更准确地说是超越）那些我们以为自己已经知道的关于如何做医生的认识。在这个例子中，我们必须超越的是，已有的对于如何处理"死者"的流程的麻木自动化反应。

更广泛地说，这段体验有助于我将精神分析的学习看作两个阶段。首先，我们学习精神分析的"流程"，例如，如何构想、创建和维护分析设置；如何与患者谈论，我们看到的患者在移情中的焦虑的核心；如何在分析中利用我们的遐想体验和其他反移情的表现。然后，我们试着学习超越我们过去所学的，从而能够自由地与每个患者一起再创造精神分析。这两个"阶段"一方面来说是有顺序的，因为我们必须先了解某些东西，然后才能去忘记/超越这些东西。但另一方面,尤其是在我们完成正式的精神分析培训之后,我们持续处在学习并超越我们所学的过程中。

我所描述的这段巴林特小组的经历对我来说是教授精神分析的典范。现在回头来看,J医生的问题"为什么不和这个女儿一起喝杯茶",带给我的(在感官上明显可感知的)感受,在那里有一个空隙被创造出来,在这个空隙中有时间,做梦的时间,让人们可以一起经历和梦出一段体验。至于在这个空隙中会发生什么,这对每个场景和处在其中的人来说是独一无二的。在这个小组中的体验对我的影响,绝不仅限于改变了我应对死亡和悲伤的方式。我发现"为什么不?"这个观念已成为我思考和对患者讲话的方式的核心。很多时候,我都会问患者"为什么不":"为什么你不感到害怕、难过或嫉妒?""为什么不把你觉得那么尴尬的梦自己保留着(而是要讲出来)?""为什么不早点离开这次会谈?"这些不是反诘。"为什么不"是对患者过去的思考和感受方式进行探询,这些思考和感受方式曾经帮助患者在过去那些情境中尽可能地保持鲜活和清醒。

总而言之,精神分析教学是这样一个悖论:某个被期待应该懂精神分析的人,去教一个想弄懂精神分析的人,不懂意味着什么。

第五章　分析风格的要素：
比昂的系列临床研讨会

多年来我都认为，较之于"分析技术"，"分析风格"这个词能够更好地描述我的精神分析临床工作方式中的重要面向。尽管风格与技术密不可分，在本文的讨论中，我用"分析技术"一词来指代一种开展精神分析的方式，这种方式在很大程度上是由分析师专业传承的前辈中的一支或数支发展出来的，而非他本人的创造。而"分析风格"与此不同，它不是一套操作原则，而是根植于分析师的人格与个人经验的鲜活历程。

在我使用"分析风格"这个术语时，"分析"和"风格"这两个词同等重要。并非分析师可能采用的每种风格都是分析性的，也并非每种精神分析实践方式都带有分析师的独特印记（"风格"）。比起分析技术，分析风格这个概念更侧重强调以下部分：(1)分析师运用自己人格中的独特品质、且能够基于这些独特品质来说话的能力；(2)分析师对于自己作为分析师、被分析者、父母、小孩、配偶、老师、学生、朋友等各种角色所获得的经验的利用；(3)分析师能够吸收和利用来自自己的分析师、督导师、同事和前辈的精神分析理论和临床技术来思考，但又能独立于这些理论和技术的能力;分析师对分析理论和技术的学习必须非常透彻,以至于有一天可以忘记它们;(4)分析师与每个患者一起发明鲜活的精神分析(重新发现精神分析)的责任。

分析师的风格是他与自己。以及与患者待在一起的方式,这种方式是鲜活的、持续变化的。分析师的整体风格会呈现在与每个患者会面的每个小节中。然而,在与某个特定患者工作的某个特定小节中,他风格中的某些特定要素相对于其他要素发挥着更重要的作用。分析风格的注入,令分析师在分析中以某种特定的方式来呈现自己。风格给方法赋予形状和颜色,而方法是风格得以鲜活展现的媒介。

我对分析风格的思考受到了比昂著作的强烈影响。在比昂发表的所有作品中,我认为"系列临床研讨会"(Clinical Seminars, 1987)提供了进入作为临床治疗师的比昂的最丰富和最广阔的入口。在本章中,我将提供对于其中三次临床研讨会的详细解读。我会讲述什么是我所认为的比昂特有的分析风格,并由此阐述我对分析风格这一理念的理解。

从他出版最后一本重要精神分析著作《关注与解释》(1970)到1979年去世的十年间,比昂开办了两期系列临床研讨会,第一期于1975年在巴西利亚进行了24次,第二期于1978年在圣保罗进行了28次。这些研讨会的参与者,除了一位呈报临床案例的分析师之外,还包括其他六到七名成员,以及一名翻译。这些研讨会进行了录音,但直到1987年,才发布了经整理、转录和编辑的版本。我相信,尽管比昂在研讨会上的角色是督导师和小组带领者,"系列临床研讨会"对读者来说，仍然是难得的机会，可以看到作为临床治疗师的比昂是怎么工作的。我们将看到，尽管比昂不是案例呈报中的患者的分析师，他却是临床研讨会中"梦出的"患者的分析师。(我在本书的第三章和第四章中谈到，我将在精神分析督导或临床研讨会中呈报的患者视为"虚构人物"，一位想象出来的患者，是由分析师和他的督导师[或案例呈报人和研讨小组]梦出的患者，有别于分析师与之在咨询室交谈的那个真实患者。)另外，在这些临床研讨会上，比昂还与案例呈报人和研讨小组进行了分析工作。

三次临床研讨会

1.害怕分析师会做些什么的患者(巴西利亚，1975，第1次研讨会)

本次研讨会是这样开场的：

案例呈报人：我想要讨论我今天和一位30岁的女患者的一次会谈。她走进咨询室，坐了下来；她从不用躺椅。她笑着说："今天我没法坐在这里。"我问她什么意思；她说她很焦躁。我问她很焦躁对她来说意味着什么。她笑着说："我头晕。"她说她的种种想法正在一个撵着一个地逃走。我尝试说，当她有这种感觉时，她同时也感到正在失去对自己身体的控制。她笑着说："可能吧；看来好像是这样。"我继续尝试着说，当她的头脑像这样逃走时[1],她的身体不得不跟随着她的头脑而动;她打断我,说:"现在,你休想让我停下来。"

　　比昂:为何这位患者认为分析师会做些什么? 你无法阻止她来或打发她走;她是成年人,因此我们可以认为,只要她想来就可以自由地来见你,不想来也可以自由地走。 为何她说你会试图阻止她做某事? 我并非真的在就这个问题寻求一个答案——当然,如果你有答案,我会乐于知道——我只是举个例子来说明我对这个故事的反应。

(pp.3–4)[2]

　　比昂询问说:"为何患者认为分析师会做些什么?"我想这个问题令案例呈报人颇感意外,并且觉得相当奇怪。对呈报的这些临床材料,有无数的视角可以去考虑,比昂偏偏选择询问为何患者认为分析师会采取行动,这是为什么? 我经过再三思索,才意识到,比昂是在建议案例呈报人问问他自己:"患者正在涉入的,是什么样的思维?""她为何以这种特定的方式思考?"比昂把注意力投向这样一个事实,即患者正在进行一种非常受限的思考,本来(在其他情况下)可能转变为想法和感受的体验的

1　mind在英文中同时指代思考的生理器官以及思考功能。由于此处说话的病人处在一种非常具体的思维状态下,因此在本节的翻译中选取具体的含义"头脑",以贴近说话人想要表述的体验。而在日常的谈话中,在更为象征化的层面上,此处的原文her mind was running away,包括后文的lost her mind也表达了发疯、失去理智的意思。——译者注

2　除非另有说明,本章中的所有页码均为"系列临床研讨会"(Bion,1987)的页码。

元素，在这个情境中，被以行动的方式来体验和表达。分析师的想法被视为行动（分析师释放出的活跃力量），有能量推动患者做（而不是思考）某事。

因此，"为何患者认为分析师会做些什么"这个问题，本质上是在关注：患者试图以怎样的方式处理当下这一刻、或许也是整个小节中自己的情感问题——她对于正在失去自己头脑的恐惧。

患者疏散了自己无法思考的想法（即她害怕自己会发疯），这导致了与外在现实的裂隙，这一裂隙呈现为一种妄想信念，即分析师正在试图对她做些什么——具体来说就是"让我停下来。"如果分析师太害怕而不敢认真对待患者的说法，即她以一种非常具体的方式相信分析师正在试图对她做些什么，那么分析师就无法对患者的妄想体验进行思考/做梦（做意识和潜意识的心理工作），从而使患者的情况恶化（Bion，1962a）。

比昂通过"只是举个例子来说明我对这个故事的反应"，对案例呈报人作了一个不显眼的解释。案例呈报人向患者提供了一个言语象征化的想法，希望能帮助她思考自己的体验："我尝试说，当她有这样的感觉[即她的种种想法正在一个撵着一个地逃走]时，她同时也感到正在失去对自己身体的控制。"患者的回应是，笑着说："可能吧；看来好像是这样。"她笑了（这个描述让我不寒而栗），并且紧跟着一个貌似在确认同意的声明（"可能吧"）。但在我看来，这里的措辞"看来好像是这样"，再加上她的笑容，传递了这样的想法：分析师看到的，只是看起来像是真实的，而实际上就患者的体验来说并不是真实的。

分析师忽视了患者的回应，并重复了自己的解释。患者打断了分析师的再次解释,她说:"现在,你休想让我停下来。"她或许也是在说:"停止对我这么做。停止通过把你的想法放进我的头脑并以此控制我的行动(让我停下来)来试图把我纳入你。如果这发生了,我将变得完全无法活动自己的头脑[1]。"我相信,比昂通过询问为何患者认为分析师会做些什么,来试图帮助案例呈报人理解这个患者思维中的精神病性的部分。

案例呈报人在表浅的层面回应了比昂的问题("为何患者认为分析师会做些什么"),他说:

我当时也很想知道她为什么说"你别想让我停下来"。她说她不知道怎么回答我的问题,于是我说,她被我的静止状态所占据。她说,她并不认为我是静止的,而是认为我在掌控我的活动,我的头脑控制着我的身体。

(p.4)

我认为,案例呈报人无法利用比昂的问题/解释反映出,他害怕承认(思考)患者精神病的程度有多严重。我认为,由于患者无法区分头脑和身体(以及她自己和分析师),因此当她说她体验到分析师的头脑正在主宰他自己的身体,相当于是在说,她体验到分析师的头脑正在主宰她的

---

1   move my own mind,同上选择字面直译,但原文在更为象征化的日常对话中同时有思考的意思。——译者注

身体和头脑。换句话说，他正在坚持不懈地试图进入她的头脑，并让她做一些事情(在精神上和身体上"让我停下来")。

比昂对研讨小组说：

现在让我来猜一下，如果是我，会对患者说什么——不是在这第一次会面，而是在以后的会谈中。"我们在这里有座椅和躺椅，因为你可能会想要用；你或许想坐在那把椅子上，或者如果你觉得——如你今天所说——坐着是无法忍受的，你也可能想躺在躺椅上。这是为什么这个躺椅在你第一次来时就在这儿了。我很好奇是什么让你在今天发现了这些。为何是在今天，你发现自己无法坐在那把椅子上，而不得不躺下或离开？"她在第一次会面中发现这些才是更合理的。但她太害怕了以至于没能发现。

(pp.4-5)

乍看起来，这样说似乎很奇怪。但我认为它反映了比昂的分析风格。只有比昂会这样说。如果别人这样说，那就是在模仿比昂。那么，在这里，比昂是在做什么呢？或者换种说法，比昂是怎样作为"精神分析师比昂"而在此存在的呢？他将自己和患者之间的这次相遇，看作仿佛是他们之间的第一次相遇。他识别出患者主要呈现为精神病性状态，并从那个位置对她说话(从而承认那一刻她是什么样的人)。比昂(Bion，1957)认为，人格中精神病性的部分是自体的一部分，这部分无法思考，无法从经验中学习，也无法做心理工作。

在比昂想象出来的与患者的交流中，他对"患者人格中非精神病性的部分"(Bion,1957),也就是有能力思考和做心理工作的那部分说话。比昂首先以最简单、最字面的词语命名咨询室里的物件(患者由于感到害怕而无法思考,因此这些物件对她具有失控的含义,令她晕眩):"我们在这里有座椅和躺椅,因为你可能会想要用。"以这种方式,比昂不仅告诉患者这些物件作为外部物件是什么,他也对她暗示说,如果她想要的话(在他的帮助下),它们是在这里可以供她使用的分析物件,可以用于梦出精神分析的物件。他继续说:"你或许想坐在那把椅子上,或者如果你觉得——如你今天所说——坐着是无法忍受的,你也可能想躺在躺椅上。"在这里,比昂告诉患者,他觉得她今天可能会害怕使用座椅。我相信,比昂暗中猜测,座椅对患者而言是一个心理上的场所,一度拥有神奇的力量,可以保护她,帮她对抗她所害怕的、如果她"真的"进入分析可能会发生的事情。由于某些原因,今天座椅失去了这种力量。她可能想要使用躺椅(即她可能想尝试成为分析患者,那个当她第一次来见分析师时就希望成为的患者)。比昂并没有试图对她做某事或让她做某事——比如让她使用座椅或躺椅;他在试图帮助她"梦出自己作为分析患者而存在"以及梦出他作为可以帮助她思考的分析师:"这就是为什么这个躺椅在你第一次来时就在这儿了。"(参见第一章中对于"梦出自己的存在"的理念的讨论。)

　　比昂用他贯穿在"系列临床研讨会"中的极具个人特色的方式,以提问的形式表达了他的探询:"我很好奇是什么让你在今天发现了这些。"也就是说,"你是怎么发现,这是在今天的会谈中有待你解决的最重要的情感问题?"他又含蓄地补充说,他自己对这个问题并没有答案,但患者可能有,而自己或许可以就这个困扰她,并且目前她尚无法思考的问题,帮助她获得一些理解。另外，比昂含蓄的话语或许可以这样复述："当你说'今天我不能坐在这里'，你是在告诉我，你害怕自己不再能够在这里得到帮助——你害怕自己已经变得太过疯狂（'头晕'），以至于你已丧失信心，认为自己不再能够做一个患者，能够把我作为你的分析师来使用。"

比昂继续把他的疑惑说出来："为何只是在今天，你发现自己无法坐在那把椅子上，而不得不躺下或离开？"比昂的解释（表面上是对患者做的）可能更多的是对案例呈报人做的：案例呈报人没有识别出，也没有对患者讲出患者的害怕，即她害怕自己不能成为一名分析患者；患者通过两个途径都表达了这种害怕，即声称自己既无法使用座椅也无法使用躺椅，以及表示分析师对患者来说只能看到"看起来好像是真实的"东西。现在，我更清楚为何患者的笑容让我不寒而栗了：它揭示了患者所体验到的，在自己的精神痛苦和非常受限的思考/做梦的能力之间，以及在自己和分析师之间的巨大的情感断裂。

在对这个"梦出的"患者（同时也对案例呈报人）做了这个解释之后不久，比昂说道："作为分析师，我们会希望持续改善——患者也是如此……如果我知道所有的答案，我就没什么可学习的了，没有机会再学习任何东西了……我们会想要有空间可以作为一个会犯错的人而活着"（p.6）。这也是在"系列临床研讨会"中比昂风格的一个基本要素。尽管比昂这种能够感知到会谈中发生的看似无关紧要的元素的重要性，并对之加以分析性利用的方式看起来显得不可思议，并一再令案例呈报人和读者感到吃惊，与此同时，他也带着毫不做作的谦卑反复强调，分析师必须"有空间可以作为一个会犯错的人而活着"。只有在这种心理状态下，我们才能从经验中学习:"如果你从事精神分析的年头像我这么长,你就不会再为某个不够好的解释而感到困扰——我从来就没能给出过任何够好的解释。这就是现实生活——不是精神分析小说"(p.49)。

在转向下一个研讨会之前,我想提请读者注意,比昂在本次以及其他许多研讨会中所采用的临床手法中的一个隐含要素,它构成了比昂的"方法"中的一个重要的方面。相较于其他任何问题,比昂最频繁地向呈报案例的分析师提出的问题是:"这个患者为何前来寻求精神分析?"(参见,pp.20,41,47,76,102,143,168,183,187,200,225,234等例子。)在我看来,在每个比昂提出这个问题的情境中,他都在隐含地要求案例呈报人,将患者看作,每次会谈都潜意识地带来了某个自己无法"解决"的情感问题(p.100)——也就是说,他无法就这个问题做心理工作。患者潜意识地要求分析师帮助他思考这些令人困扰的他自己无法独自思考和体会的想法和感受。尽管在上面讨论的这次研讨会中,比昂并未明确地向案例呈报人询问患者为何前来分析,但在我看来,他好几次隐含地提出了这个问题。第一次是在研讨会刚开始时,他说:"她是个成年人,因此我们可以认为只要她想来就可以自由地来见你,不想来也可以自由地走。"

2.不是自己的医生(巴西利亚,1975,第3次研讨会)

这次研讨会的重要之处在于,它形成了一种交流,让比昂有机会不仅用语言表达,还亲身示范了他对于做一名分析师意味着什么的理念。

而且，比昂在这个过程中完全没有使用任何技术术语。这符合他一贯坚持的理念，即我们作为分析师要用"尽可能简单无歧义的"(p.234)日常语言，以"平实而清晰的言辞"(p.144)来对患者说话，并且也用同样的方式与其他分析师交流。

这次呈报的分析患者是一位24岁的医生，他在近四个月里都无法工作。他告诉分析师，"我前往咨询室，但我停住了脚步。我无法待在这儿。我乘电梯的时候感觉不舒服，我想，来和你进行这次会谈对我来说太困难了。我觉得如果留在这儿我会死掉"(p.13)。案例呈报人说，然后患者改变了话题，开始讲述他在前一天试图克服强烈的焦虑回去工作。

比昂问道："他身体生病了吗?"(p.13)又一次地，比昂的问题听上去很奇怪，这一次是因为它显得如此平淡乏味。(在整个"系列临床研讨会"中，比昂倾听案例呈报人讲述他们与患者工作的方式，始终有种令人惊讶的务实性。)或许，当比昂询问患者是否身体生病了时，他是在指出，尽管患者说他害怕自己要死了，可是他决定来见一位分析师，而不是内科医生。这必定是因为他迄今为止在精神分析中的体验让他觉得，分析师对他有所帮助，并且分析师以及分析工作可能会进一步帮助他。

对于比昂的问题，案例呈报人仅仅回应了最表浅的层面，他说："他是这么认为的[意思是说，患者在意识层面体验到的，只是觉得自己身体生病了]，但事实上他正处于焦虑危机中"(p.13)。对于案例呈报人似乎未能理解比昂提出的问题中隐含的观察发现，比昂并未感到困扰。这一点本身虽然不具有重大意义，但却反映了比昂作为督导师，以及作为(据我推测的)分析师的风格中一种至关重要的特质：他"越过案例呈报人说话"。也就是说，他对案例呈报人能够思考的部分说话——人格中能够思考的这部分,在比昂的理论著述中有时被称为"人格中的非精神病性部分"(Bion,1957),而在其他一些地方则被称为"潜意识"。正是人格中的这部分能够利用生活经验来服务心理工作和成长。我用"越过患者说话""对潜意识说话"和"对人格中的非精神病性部分说话"这几种说法,都是指分析师对患者能够思考的部分说话,这些说法在我的写作中具有同样的含义,可以相互替换。在我们上面讨论的这个情境中,由于案例呈报人心灵的意识部分不能充分地思考,比昂必须对案例呈报人的潜意识或人格中的非精神病性部分"直接"说话。(参见Grotstein,2007,讨论了对患者的潜意识说话。)

这时,一位研讨会成员问,为何"不考虑在这时候打断患者? 我觉得材料已经太多了"(p.14)。比昂回应说,他会等待,直到"对于他[患者]怎么了,有了更清晰的理解"(p.14),才会说话。 他又补充说:

这仅仅是我心中的一种怀疑,我怀疑这个患者属于这样一类人,他们因为对于会发生灾难感到极度恐惧,而选择成为医生。于是他就能与其他医生交流,从而听到存在的各种疾病。这样他就不会死去,灾难也不会发生,因为他是医生,而不是患者,这位患者虽然有医生资格,但他并不是医生,因为他不知道如何真正成为一名医生——也就是说,如何发展出这样一种作为人的存在状态,能够使用自己的心灵,来帮助那些生了病的人(包括他自己)。

这位研讨会成员以略微不同的形式再次重复了自己的问题:"对于你的这种怀疑,分析师是应该留给自己,还是可以告诉患者?"(p.14)比昂在此作了一个解释,是给予这位研讨会成员的,但表述为关于这个患者的陈述。 他对这位研讨会成员说,我们只能利用自己生活经验中的一小部分来做心理工作,尤其是处于职业生涯早期的分析师,常常会感到自己被和患者在一起时的可怕体验所淹没:

> 类似的事情也发生在医学院学生去解剖室学习解剖时。这些学生崩溃了(break down);他们无法继续,因为解剖人体会对他们的观念和态度造成剧烈的震荡。

(p.14)

我相信,比昂是在说,他怀疑这位研讨会成员觉得必须要在研讨会上打断思考(解剖),是因为害怕会在精神分析"解剖室"(这次临床研讨会)里崩溃。比昂做解释的风格高度尊重这名研讨会成员的防御及其尊严。他提供自己的想法,放在那儿,如果研讨会成员准备好了,就可以供他使用。看起来这名研讨会成员能够利用比昂的解释,而没有感到被羞辱;因为他对于可能会在研讨会上发现什么的潜意识恐惧减弱了,从而无须再次打断在研讨会上进行的分析工作。

紧接着我刚刚描述的比昂对研讨会成员的回应之后,案例呈报人说:"我现在觉得,患者并未改变话题,他只是表面上看起来改变了话题"(p.14)。在这里,案例呈报人的话与他前不久才发表的言论自相矛盾。我相信在此期间,他在心理上利用了比昂对那位研讨会成员所做的解释——也就是说,分析师的焦虑可能会妨碍他听到患者潜意识地试图向他传递的恐惧。

比昂回应案例呈报人说:

你的这种感觉是生成解释的源泉……当你开始觉得这些不同的自由联想并非真的不同,因为它们有相同的模式,那么很重要的一点是等待,直到你了解这个模式是什么。

(p.14)

案例呈报人回应说:

一位培训分析师曾在他主持的研讨会上告诉我,任何好的解释都应包含三要素:对患者行为的描述;该行为的功能;以及行为背后的理论。

(p.15)

读者几乎可以感觉到比昂热血沸腾了——不是因为案例呈报人的焦虑,而是因为一位分析师的傲慢,他认为自己知道如何做精神分析,并相信,如果他的被督导者们采用和他一样的方式,他们也就知道了该如何做精神分析。即便如此,比昂的回应还是经过斟酌的,不过没有完全摆脱他的感受,即觉得这里描述的这种督导风格,对于被督导者试图成为分析师的努力具有破坏性。与此同时,比昂充分意识到,自己听到的并非那位培训分析师的观点(对那个人,比昂一无所知),而是案例呈报人的想法和感受,和他的患者一样,他已经从在进行思考的医生(分析师)的位置上撤退了,成为无法自己进行思考的被动的患者。

比昂:理论,比如你提到的这种,对于引用它的某个特定的人,从某种意义上来说是有用处的。[比昂并未把那个特定的人标识为那位培训分析师,因为他并不是在说那个人。比昂正在指出案例呈报人人格中的一种分裂,他的一部分(通过使用精神分析理论来避免思考)在贬低自己的另一部分(正在试图成为思考着的分析师)。] 其中一些[精神分析理论]也会对你有意义。[案例呈报人身上能够思考的部分有时能够思考精神分析理论,并发现这些理论有助于他发展自己的理念。] 当你试图学习时,一切都令人感到非常困惑。[感到困惑是一种心理状态,需要被体验,而不是被疏散,并代之以由于有权威人士告知而感到自己知道该怎样做分析的感觉。] 这就是为什么我认为你可能[比昂没有说,"一个人可能"]会在培训和研讨会中待太久了。只有在你获得[分析师]资格之后,你才有机会成为一名分析师。你成为的那个分析师是你,且只是你;你必须尊重自己人格的独特性——这一点,而不是所有那些解释[那些你用来对抗担心自己不是真正的分析师、不知道如何成为分析师的恐惧的理论],才是你可以使用的。

(p.15)

在这里,比昂向案例呈报人、研讨会成员以及读者展示了,真正的精神分析对话是什么样的。解释不会自我宣称是解释。它们是"对话"(p.156)的一部分,借由对话,想法被巧妙地、心怀尊重地(通常表达为一种猜想)、以日常语言的形式说出来。在这里,我们得以渐渐明了,比昂所说的解释,并非旨在为被压抑的潜意识冲突提供言语化的象征性表达、从而使得潜意识意识化的一个陈述;而是将分析师正在思考的某些东西以某种形式告诉患者，从而使患者可以利用它来思考他自己的想法。

　　阅读这次研讨会记录的读者可以用自己的耳朵听到，一个能够基于自己独特的人格和体验说话的人发出的声音。没有任何其他分析师的话听起来像比昂，哪怕只是稍微有点像。我已经在一系列文章中详细解读了温尼科特、弗洛伊德和比昂（Ogden，2001a，2002，2004b）的作品，我还将在第七章和第八章为读者奉上对罗伊沃尔德和西尔斯作品的解读。这些分析师，每一位都以反映自己独特人格的方式说话/写作/思考。只要阅读他们作品的一小段，我们就很容易辨认出他们各自独特的声音。

　　分析师基于自己独特的人格、他本人"特有的心理状态"（p.224）并怀着谦卑说话的能力，是我所说的分析师风格的核心。现在读者想必能够很明显地看到，风格是风尚的反面；也是自恋的反面。把自己交给风尚，是源于希望自己像他人（由于缺乏关于自己是谁的感觉）；而自恋则涉及希望被他人仰慕（试图对抗自己的无价值感）。在"偏离正题"谈论了成为分析师的过程中必然会经历的困难之后，比昂请案例呈报人就这次会谈再多说一些：

　　案例呈报人：患者觉得，如果当时继续值夜班（作为医生在前一晚整夜待在医院里），他将会生病。事实上，他后来并没有生病——他只是在当时觉得这将会发生。

　　比昂：换句话说，他不会得到"疗愈"，他会得到"疾病"。或许他从未真正考虑过，他需要非常强大才能成为医生。这个职业让你总要面对人们最糟糕的状态；比如处在恐惧或焦虑中。如果他自己因此也会变得焦虑、抑郁或恐惧,那最好不要从事这个职业。

(pp.16-17)

　　比昂在此对案例呈报人人格中的非精神病性部分做了一个间接的解释。在这里,又一次地,这个解释有种令人惊讶的务实感:患者选择了一个自己在情感上尚未准备好的职业。患者似乎无法面对他人的恐惧,这会令他自己也变得恐惧和抑郁。然而,这个解释中当然还有更多的内涵。比昂正在关注一个显著的自相矛盾之处,这对于患者在本次会谈中试图求助的情感问题的性质,似乎提供了一些线索。

　　为何患者在这个时刻以这种特定的方式向分析师呈现这样一种矛盾? 或许问题并不能简单地归结为,患者在职业方面做了个糟糕的选择。是否患者感到他与自己的一部分(作为一名真正的医生的部分)失去了连接? 比昂注意到一种交流,它是如此显而易见,以至于又像爱伦·坡的"失窃的信"一样令人视而不见。或许正是因为这样的悖论——显而易见的东西会令人视而不见——使得比昂的评论显得奇怪而又具体。在这里,和本次研讨会早些时候的情况一样,比昂对于似乎有什么东西"不对劲"的观察,包含了对于患者在这次会谈中(在分析师的帮助下)试图"解决"(p.125)——也就是说,思考——的情感问题的一种"富于想象力的猜测"(p.191)。问题不仅仅在于"是什么令患者感到焦虑和恐惧?"在这次会谈中还呈现了一个更具体的问题(或者说使得患者出现症状的那部分动力学驱力)。比昂通过评论患者的职业选择,似乎在尝试性地提出这样的想法:患者可能觉得自己不是自己。他决定努力成为医生,但却发现自己更强烈地趋向于成为被动的患者——一个对于正在令自己受苦的疾病一无所知、也不想知道什么的人。

我们可以将比昂的猜测看作，对这位"想象出来的"患者的非精神病性的部分，也就是他人格中潜意识的能够思考的部分所做一个解释。

案例呈报人看起来已经能够利用这一解释：

案例呈报人：于是他离开了房间（值班室）去躺着。这时他被叫去急诊病房。他去了，并且工作得非常好。他觉得很奇怪，自己竟然能够毫无困难地工作。

(p.17)

或许有人认为，案例呈报人对"接下来发生的事情"的叙述只是在复述他几天或几周前写的记录。我认为这个想法是站不住脚的。案例呈报人可能就比昂的"解释"做出各种回应：比如，他可能提一个问题，来打断此刻研讨会上正在进行的精神分析思考；或者他可能就患者接受医学培训的意识层面的原因做出评论，而令人分散注意力。案例呈报人所说的话——"他觉得很奇怪，自己竟然能够毫无困难地工作"——带有一种并非刻意为之、但极具意义的含糊性。奇怪这个词是一种委婉的说法，表达了患者对于是什么导致了这些事情的发生感到困惑；同时，奇怪一词还表明患者开始具有思考能力（对自己不知道的东西感到好奇的能力）。相比后者，前者是更加被动的心理状态。通过使用奇怪这个词，案例呈报人表达了他逐渐能够更好地理解患者的心理状态，即患者既想要思考，同时又害怕思考。

比昂回应说："他去了急诊室，非但没有心脏病发作或出什么其他状况,反而发现自己可以做一名医生"(p.17)。在分析师的帮助下,患者发现自己能够成为医生,也就是说,能够思考和运用思考能力来"梦出自己"作为医生和作为精神分析患者而存在。同样地,在比昂所做解释的帮助下,案例呈报人能够梦出自己作为一名医生——也就是精神分析师而存在。他正在变得能够对患者,一个"处在自己最糟糕状态的"人(一个处于焦虑之中急切需要帮助的人)感到好奇。

让我们回到比昂对于患者意外地成了真正的医生的回应,比昂观察到,

这[让患者成了医生的事件]不仅适用于这个例子,也同样适用于其他许多情况。由此你开始看到,患者最终可能会成为医生或是潜在的分析师,在面对危机时,医生出现了。可是为什么是在危机中呢? 如果他终将能够成为医生这件事是个事实,我不是指这个头衔而是成为真正的医生,那为何他在此之前都没能发现这一点呢? ……当然,作为精神分析师,我们相信——这一信念或许对或许错——精神分析是有帮助的。但是,这样的信念容易使我们看不见精神分析的非同寻常的神秘的性质。 有如此多的分析师似乎已经对他们的工作对象感到厌倦,失去了感到惊奇的能力。

(p.17)

从这些话语中我们可以听到比昂风格的两个关键要素。首先,我们听到作为医生和实用主义者的比昂,对他来说,找到"[患者]问题的解决方案"(p.100)极为重要。 比昂认为自己的职责是帮助患者——一种相

当传统的观点。如果我们不相信精神分析是有帮助的,那我们为何要投入生命去从事它呢? 我们怎么能忽视患者的痛苦呢? 正是他的痛苦让他去找分析师寻求帮助。但这并不意味着分析师的任务是帮助患者缓解痛苦。恰恰相反。比昂认为,分析师的任务是帮助患者忍受痛苦,和自己的痛苦共处足够长的时间,来对其进行分析工作。患者身上有一部分是去分析师那里寻求分析的。 比昂不断地倾听患者这部分的(往往是缄默的)声音,以及倾听患者提供的线索,来了解患者的这部分试图去思考/解决的情感问题是什么。如果患者没有把分析师当作分析师来使用(例如,表现得好像他期望分析师像个魔术师一样,将患者变成患者自己希望成为的人),比昂就会问自己(并且很多时候也问"梦出的"患者),患者认为分析师的工作是什么。或许在使用频率上仅次于"患者为何前来寻求分析"这个问题。比昂第二个经常问的问题是:"患者认为精神分析意味着什么?"他经常在回应患者的想法时评论说:"这是一种非常奇怪的对精神分析的设想。"对比昂来说,帮助患者和给予患者"正确的"(p.162)分析(真正的分析体验)是一回事。

这段话还呈现了比昂分析风格的第二个重要元素:他意识到自己知道的是如此之少,这并不会导致挫败或失望;而是会令他在面对构成人性的复杂、美丽和恐怖时,体验到敬畏与惊叹(Gabbard,2007,p.35)。(加伯德讨论了分析正统的作用,以及使用分析教条来回避面对"人类社会的混乱"和极度的复杂性,以及精神分析事业的混乱和复杂。)

对于比昂就患者开始发展出思考能力这一点提出的问题和联想,案例呈报人接着回应说:

在这次会谈的晚些时候，他[患者]问了自己这个问题[他是如何做到真正成为一名医生的]，他说："如果我事先知道分析可以帮我做到，我就不会在来这儿之前坐以待毙了。"

（p.17）

从这段话中读者可以听到，在患者对自己思考能力的攻击和患者作为思考着的医生这两部分之间，现在力量对比发生了变化。现在这位医生能够面对这样一个事实：他生病了，但还能活在自己的感受中；他能够利用自己对自己情感的觉察来指导自己思考；他能够运用自己的思考来成为"分析师"，在自己的分析中积极地承担责任。

比昂识别出了患者从这一成就中获得的满足感伴随着同样强烈的悲伤感，他说："成长的一个特点是，它总是让你感到抑郁，或是遗憾你没有早点发现它"（p.17）。这个解释不只是给予在研讨会上梦出的想象中的患者，也是给予案例呈报人的。我想，比昂感受到了，案例呈报人为自己花了那么长时间才能成为自己患者的分析师而感到遗憾。或许案例呈报人在研讨会的进行过程中认识到，自己长期以来一直依赖他人，即自己内心的那位"培训分析师"来思考，对于自己在分析会谈中的觉知和感受，他不敢不带预设地做出鲜活的反应。换句话说，在此之前，他没能与这位患者一起发明/重新发现精神分析。

在研讨会的这一部分中，我们还可以体会到比昂分析风格的另一个要素。正如我们所看到的，比昂持续地留意到，每位患者在每次分析会谈中都以某种方式潜意识地感觉到自己的生活岌岌可危（并且，我认为，比昂相信，患者在很大程度上有理由这样认为）。毕竟，患者在多大程度上无法思考,也就意味着他在多大程度上无法活在自己的体验中。但是,比起先前谈到分析师在帮助患者的过程中需要利用自己这一点时的态度,比昂在这里采取了更为激进的立场。我下面将引述的他接下来补充的话,对于作为分析师的比昂是什么样的人有着至关重要的意义:

　　你是一位分析师,或者一位父亲或母亲,因为你相信自己有能力去接受情绪感染和理解那些必不可少、但却被[患者和孩子]认为是微不足道的东西[即这些东西对于他们是视而不见的,因为完全被认为理所当然的就应该是那个样子]……我们很容易忘记,作为医生和精神分析师,我们的要务是帮助人们……在分析过程中,我们可能不得不让他们感到心烦意乱,但这不是我们的本意。对于这位患者,或许很重要的一点是,在合适的时机告诉他,[分析师]具有接受情绪感染、同情和理解的能力,而不只是诊断[解释]和作手术;除了分析术语,还有对人的兴趣。你无法制造医生或分析师——他们是天生的。

(p.18)

　　在此,比昂以他特有的朴素的方式说,他认为,成为一名分析师,不仅需要理解患者并以患者可以利用的形式向其传达这种理解;作为一名分析师,有时还需要感受患者并向其展示自己的情感,让患者知道他是分析师深度关心的人。这件事是无法被教会的。一个人必须生而具有这种能力并且愿意这么做。

3.永远醒着的人（圣保罗，1978，第1次研讨会）

在这次研讨会上呈报的患者是一位38岁的经济学家，他走路姿势颇为机械，行事风格也很僵化。例如，他会在开始一次会谈时说"很好，医生，"或者"我今天给你带来了一些梦"（p.141）。

比昂很快就又问了一个他常问的那类"奇怪的"问题："他为什么把那些称作梦？"（p.142）比昂即刻切入了核心，也就是他认为的患者潜意识地寻求分析师帮助的情感问题：患者的非精神病性部分认识到，自己的精神病性部分主宰了自己的人格，因此他无法做梦。比昂通过提问暗示说，在患者罹患精神病的程度上，他无法区分做梦和清醒时的觉知，也就是说，他无法分辨自己是睡着了还是醒着。比昂认为（1962a），精神病患者（或患者的精神病性部分）无法在心灵的意识和潜意识部分之间生成和维持一种屏障（"接触屏障"，p.21）。在无法区分意识和潜意识心理体验的情况下，一个人"无法入睡，也无法醒来"（p.7）。在他生活的世界里，从内部产生的觉知（幻觉）与对外部事件的觉知以及与做梦彼此都是无法区分的。于是，为了保护自己免于觉察到这种可怕的状况，患者假装自己对梦感兴趣。

和读者一样，案例呈报人并没有想到去问自己，为何患者说自己做了梦，当他说自己做了梦时所表达的含义是什么，以及他在此刻是否知道什么是梦。对于比昂的这个问题，"他为什么把那些称作梦？"案例呈报人感到困惑，他回答说："他就是这么对我说的"（p.142）。

在这里，我所注意到的比昂分析风格的要素是他异乎寻常的机智。他就像是在一场魔术表演中分配给案例呈报人辅助演员的角色，并演示从他背心口袋里拉出了一只兔子。比昂在整个过程中完全是面无表情的。机智作为性格特质本身并不必然是好或是坏，重要的是如何使用。80岁的比昂在这个例子中扮演了神秘莫测的、另类的、如剃刀般犀利的老人，这个角色看起来很适合他。我想到的关于比昂的机智的另一个例子是，他在巴西利亚的第八次研讨会上发表的评论。当时案例呈报人告诉比昂说，患者说自己已经设法控制了自己的嫉羡，然而他在那次会谈中一直在躺椅上焦虑地扭动。比昂回应说："他控制了嫉羡，而他的嫉羡对此极为恼怒"（1987，p.48）。

"解读"比昂（即明确地说，在某一时刻他"真正的"样子是怎样的）绝非易事（或许根本是不可能的）。他是一位关切而热诚的老师，充分地意识到自己的知识和人格的局限性，但同时也是个心口如一的人，他也邀请（并帮助）自己的学生和患者们做这样的人。在"系列临床研讨会"中，比昂也有沉默的一面。我认为，他的机智和讲话神秘莫测的倾向，部分地也是为了保护自己神圣不可侵犯的隐私。这也是比昂分析风格的组成部分，比昂作为分析师和个人的组成部分。

在这次研讨会上，过了一会儿，比昂就这位患者在自己内心激起的问题进一步展开说：

那么这位患者为何来见一位分析师，并且说他做了一个梦？我可以想象自己对一位患者说："你昨晚在哪里？你看到了什么？"如果患者告诉我，他什么也没看到，只是在睡觉，我会说，"好的，可我还是想知道你去了哪里，看到了什么。"

（p.142）

比昂以这种方式对患者人格中的非精神病性部分说,他理解患者不知道自己何时是醒着的,何时是睡着的。因此当患者告诉他,自己去睡觉了,比昂把他的"梦"视为,和他醒时的生活体验具有同样性质的体验。比昂继续说:"如果患者说,'哦,对了,我做了个梦',那么我会想要知道他为何把这称为梦"(p.142)。比昂通过拒不接受患者使用"梦"这个词(用来回避真相),来帮助患者人格中的非精神病性部分思考(这意味着去面对精神病性的部分当前在患者人格中霸占着控制权这个事实)。比昂在此隐含地表达了他的信念:这种对发生的事情的真相的识别,会影响人格中的精神病性和非精神病性部分之间的力量对比。

稍后,对自己的观点"当他这样说[他做了一个梦]时,在我们理解的意义上,他是醒着并且'有意识'的"(p.142),比昂做了进一步阐述。换句话说,患者称之为梦的东西,我们称之为幻觉。患者无法区分他睡着时发生的视觉事件与他"醒着"时生成的视觉觉知。比昂补充说,"他正在邀请你和他自己接受一种倾向于我们醒着时的心理状态的偏见"(p.142)——也就是说,他正在试图说服分析师去相信,只存在一个状态,也就是醒着的状态;这样患者和分析师就能一致同意,患者不是精神病,而只是在报告他在醒着的状态下的觉知。患者坚持认为,由于只存在一个状态——也就是醒着的状态——觉知和幻觉、梦中的生活和醒时的生活之间没有任何区别,因此,也就没有精神病这回事。

在这里,我关注的比昂分析风格的要素是,他对(梦出的)患者说话时的绝对直接。当患者使用语言的方式涉及意义的滑落,从而阻碍了对真相的识别以及带来的痛苦时,比昂几乎立刻就觉察到了。正如在这个我们正在讨论的例子中展示的那样,比昂对患者说话的方式恢复了词语本身的意义，从而使得思考和"正常的人际交流"（p.197）得以开始或恢复。事实上，要能够持续地听到并回应这种意义的滑落，需要非常敏锐的耳朵。

结　论

要对一位分析师的风格做出充分的描绘是不可能的，因为风格来自他作为个人和作为分析师的一切方面的总和。尽管我极为欣赏比昂在"系列临床研讨会"中呈现的分析风格中的许多特质，但我并不把他的风格当作一种人人都应该效仿的范例。相反，正如比昂在这些研讨会上所说的那样："我做分析的方式，除了对我自己以外，对其他任何人都丝毫不重要，但它或许对你要如何做分析有所启发，这才是重要的"（p.224）。

第六章　比昂思想中的心智功能四原则

　　作为精神分析理论家的比昂,毕生致力于构建关于思考的理论。在长达40年的时间里,比昂几乎全部的论文、书籍、讲座、临床研讨会以及写给自己的手记(他的"沉思")都涉及,就思考理论的某个方面进行探索。比昂尝试性地使用各种隐喻(模型)来捕捉思考及其产物的性质。他尝试过的重要隐喻包括:工作团体和基本假设团体的相互作用;对投射性认同的主体间构想;α功能理论;容器–所容物的概念;L,H和K链接的理论以及对链接的攻击;双目视野的概念;网格图;精神转化以及"O"的概念。

　　面对像比昂所做的这样大量而广泛的工作,我觉得,尝试用尽可能少的话语来表述我所认为的贯穿这些工作的基本原则,或许是有价值的。比昂(Bion,1962a)曾经本着同样的精神说:"精神分析的功效不在于分析师能够运用的理论的数量多少,而在于用尽可能少的几个理论来处理他可能遇到的任何情境"(p.88)。因此,我将首先以高度浓缩的方式陈述,我认为构成了比昂思考理论的核心的"心智功能的四原则"。我希望我提出这些想法,可以用作思考比昂的思考理论的起点,而不是终点。

我将先用一小段话来讲述我的理论构想,我将比昂的思考理论构想为关于心智功能的四原则。然后,我将进一步展开讨论我提出的每项原则。最后,我将通过详细讨论比昂的一次临床研讨会,来尝试说明,他的临床思考是如何基于他的思考理论而进行的。

比昂的思考理论

比昂的思考理论建立在心智功能的下述四个重叠且相互关联的原则之上:(1)思考是由人类对了解真相的需要驱动的——真相是指他自己是谁以及他的生活中当下正在发生什么的现实;(2)对于一个人最令人困扰的那些想法,需要两个心灵一起去思考;(3)是为了应对那些由令人困扰的情感体验而衍生出来的想法,人类才发展出了思考能力;(4)人格中具有与生俱来的精神分析功能,而做梦是该功能运作的主要过程。

1.人类了解真相的需要

将比昂的思考理论归纳成心智功能的四原则,是我的想法,不是比昂的。就我所了解的范围,比昂从未在自己关于思考的作品中使用“心智功能的原则”这一术语。弗洛伊德(Freud,1911)在《论心智功能的两原则》一文中阐述了:心理发展涉及从快乐原则占主导地位到现实原则占主导地位的转变。弗洛伊德认为,通过这样构想心理发展过程,他把

"外在现实世界在心理上的重要意义引入了我们的理论体系中"
(p.218)。我们将会看到,比昂的心智功能四原则中的每一项,同样也都
试图从最根本的层面上讨论个人与现实的关系。但是,比昂对于现实与
思考之间关系的构想与弗洛伊德有很大差异。弗洛伊德的两原则的起
点是通过释放本能张力而获得快乐(快乐原则),终点是对现实的觉知和
适应能力(现实原则)。而比昂的四原则中任何一个的起点,都不是本能
的压力,而是在现实世界中生活的情感体验,而终点则是对这些体验的
思考与感受。此外,比昂对潜意识思考的理解也和弗洛伊德大不相同。
弗洛伊德(Freud,1911)认为,潜意识的特征是"对现实检验的彻底无视"
(p.225),而比昂(1967)则认为,"……如果没有了幻想和梦,一个人就失
去了通过思考解决自己问题的手段"(p.25)。

　　在提出比昂的心智功能四原则的第一项时,我主要是基于比昂早期
的精神分析著作《团体经验及其他论文集》[1](1959;以下简称《团体经
验》)。在这本论文集中,比昂对思考及其相关的精神病理学的精神分析
构想进行了彻底重构。或许,博尔赫斯(Borges)评论自己的第一本诗集
《布宜诺斯艾利斯激情》(1923)的话,很适合于评论比昂的作品《团体经
验》:"我觉得,在那以后我所写的一切,都只不过是对那本书中首次出现

1　《团体经验及其他论文集》一书出版于1959年,但其中收录的论文的发表时间却要
　　早得多:"前言"[与约翰·里克曼(John Rickman)合作撰写]发表于1943年;《团体
　　经验及其他论文集》包括七篇文章,首次发表于1948—1951年;《关于团体动力的
　　评论》)首次发表于1952年。为了保持简洁,我在下文把《团体经验及其他论文集》
　　简写为《团体经验》。

的主题的进一步发展;我觉得,我的一生都在反复重写那一本书
"(Borges,1970b,p.225)。

尽管我曾在过去数十年中反复多次阅读了《团体经验》一书,但我最
近"重新发现"了这本论文集。因此,比昂在《团体经验》中提出的关于思
考的隐喻,现在对我来说格外新鲜,我希望这种感受可以激发我,让我就
比昂思考理论的核心原则做出鲜活而清晰的阐释(当比昂说到思考时,
他总是在指代思考以及感受,他认为这二者是同一个心理事件不可分割
的两部分)。

《团体经验》(1959)的核心是研究"团体心智"(p.60)中能够思考的
部分(工作团体,p.98)与无法思考的部分(基本假设团体,p.153)之间的
关系。 比昂就团体中的思考这个主题发展出来的这些理念,为建构一
种更具普遍性的思考理论奠定了基础。比昂把共同参与精神分析的两
个人视为一个小团体,他说:"精神分析情境所涉及的不是'个人心理',
而是'双人'心理"(p.131)。此外,比昂关于团体的思想还暗含了这样一
种理念:个体心灵可以被看作由人格中的不同部分组成的团体。在这个
心灵内"团体"中,人格中能够思考的部分与人格中憎恨或惧怕思考的另
一部分展开了交流(Bion,1957)。后来在《人格中的精神病性部分与非
精神病性部分的区分》一文中,比昂提出了发生在人格的不同部分之间
的心灵内交流的这个理念。

在作为《团体经验》这本书核心的系列论文《团体经验》(1948-
1951)中,比昂避免使用精神分析术语,而是发明了自己的一套日常语言
来讨论他观察并参与其中的团体经验。例如,比昂并不使用术语"幻想"
来指代一个团体共有的潜意识信念,而是发明了更能表达他想法的术语

"基本假设"。"基本假设"是对现实的可怕预期,它们会极其深刻地塑造团体经验,因此仅仅将其视为想法是不够的。它们是如此的基本,因此适合使用术语"原始心智",即在"躯体和心理活动尚未分化的情况下"进行的思考(Bion,1959,p.154)。

　　比昂描述了三类基本假设团体,即团体为了逃避思考而产生的三种团体心理形态:依赖、配对和战斗/逃跑。逃避思考是指,逃避面对团体内部和外部真实发生的事情以及为了改变处境所需要付出的努力。"依赖"基本假设团体的基础是:团体成员普遍假设团体带领者会"解决团体的所有问题"(p.82),而与此同时,团体成员"对带领者所说的一切都坚定不移地漠不关心"(p.83)。团体成员对带领者所说的漠不关心源于这样一个事实:成员对利用带领者所说的话来自己进行独立思考丝毫没有兴趣。恰恰相反,这个团体反对思考,坚持坐等带领者魔术般地让事情变好。思考和利用其想法来试图在现实世界中引发变化,是带领者的责任,而不是团体成员的。解释更有可能引发"敬畏,而不是停下来思考"(p.85)。

　　"配对"基本假设团体所基于的团体共同假设是:团体的两名成员将生产出"一个救世主,它可能是一个人、一种想法,也可能是一种乌托邦"(p.152),这个救世主将把团体从毁灭、憎恨或绝望的感受中拯救出来。同样地,团体成员坚决反对自己做任何心理工作,而是等待被拯救。

　　"战斗/逃跑"(p.153)基本假设团体持有的原始心智和潜意识信念是:团体的所有问题都需要通过战斗或逃离某一事物来解决,似乎团体内部或外部存在着威胁或"敌人"。无论是战斗还是逃跑,都不需要团体进行任何思考。因此,无论是这三种基本假设团体中的哪一种,真正的思考都被魔术思维所取代。这使得团体能够至少是暂时地逃避现实,而不是试图对现实进行思考和尝试改变。

基本假设团体反映了团体"憎恨从经验中学习"(p.86)以及"憎恨发展的过程"(p.89)。这些恐惧和恨意源自团体成员对"他们觉得自己尚未准备好去面对"(p.82)的情感体验感到恐惧。换句话说,基本假设团体心理形成的基础是,希望能够"不必锻炼(即无须从经验中学习)或发展,天然就能成为具备一切所需能力的成人,完全知道该怎样生活和行动"(p.89)。团体害怕并痛恨这样一个事实,即不成熟是人类处境不可避免的一部分,学习和成熟的过程需要去容忍未知、混乱和无力感。

然而,尽管魔术思维(各种形式的不思考)对人有强烈的吸引力,但比昂认为,团体(以及个体)在本质上"无可避免地投身于一个发展过程"(p.89)——也就是思考、从经验中学习和成长的过程。这种投入反映了在比昂看来可能是所有人类动力中最强有力的一种需要:了解真相的需要。

就仿佛人类能意识到在未能充分把握现实的情况下行事会导致痛苦并且往往是致命的后果似的,人类也意识到他们需要真相作为标准来评估自己的发现[觉知]。

(1959,p.100)

……对一个人来说,对现实的感知,就像食物、水、空气和排泄物一样重要。

(1962a,p.42)

换句话说,那些缺乏"对现实的充分把握",也就是缺乏对真相的充分觉察的思考(例如,基本假设团体所采用的种种魔术思维),是无益于一个人尝试从经验中学习并获得心理成长的。魔术思维无法与其他想法联系起来,并进而生成一系列的思想,来用于解决一个人在现实世界生活的过程中产生的情感问题。为了逃避真相而产生的想法,无法作为基础来建构一系列理性的思想,而是会令个体或团体停留在魔术思维的唯我论的世界中——这种"思维"是基于这样一种想法/愿望,即自己可以随意创造这个世界。一个魔术般的世界对一个人来说既是理想的居所,也是噩梦:他无法学习和成长;他被诅咒生活在永恒、静止、漫无目的的当下。比昂对一位以极端的方式使用魔法思维的患者做解释说:"哦,太遗憾了,你已经被缩减到只剩下无所不能了"(Grotstein,2003,私人交流)。

　　人类对真相的需要使得我们最终放松对魔术思维所提供的虚妄的安全感的依赖,尝试进行真正的思考 ——这种思考需要面对现实所蕴含的全然的毫不留情的他异性。唯有这样以思考来直面真相,我们才有可能基于自己经历的情感体验的现实做一些事情(从中学习和有效地尝试改变)。比昂认为,人类想要了解关于自身体验的真相的需要,是引发思考的最根本动力。这种对于思考的理论构想,是我所总结的比昂的心智功能四原则的第一个原则,也是最根本的原则。

　　比昂的思考理论中有三个至关重要的理念,是与比昂的第一个心智功能原则密切相关的。第一个理念是不去思考(即逃避思考)和真正的思考是密不可分的,事实上二者彼此依赖。例如,工作团体(可以允许真正的思考发生的那种团体心智)所进行的思考,与基本假设团体特有的各种形式的魔术思维,共同构成了一个体验的两个层面。对于从经验中学习和获得情感发展的原始恐惧正是一个团体需要对其学习从而了解自己并获得发展的体验本身。如果不存在由这些原始恐惧构成的痛苦的心理现实，我们就没有了需要去思考和学习的对象："除非这些精神病性的模式（基本假设）被暴露出来[无论一个团体的成员在心理上是多么健康]，否则就没有办法得到任何的治疗"（p.181）。令团体能够从中获得成长的"发展性冲突"（p.128）的关键是，将原始的部分（"精神病性的"基本假设信念、恐惧与憎恨）与"成熟的部分"（p.128）（进行真正的思考的能力）这两部分现实"痛苦地放在一起"（p.128）。换句话说，成熟的思考是为了应对我们最古老的恐惧而诞生的。

在比昂思想中，与第一个心智功能原则密切相关的第二个理念是，真正的思考需要忍受未知，忍受"处于不确定、难以理解、怀疑之中，而不急于在事实和理由的基础上往前推进"（Keats，1817；被Bion引用，1970，p.125）。尽管真正的思考是由想要了解真相的需要所驱动的，但它同时又具有这样一种特点，即坚定地认识到结论总是不确定的，结束总是意味着开始："所有感觉自己获得了知识的情感体验，同时也是感觉自己蒙昧无知的情感体验"（Bion，1992，p.275）。比昂思考理论的这个部分最终让他构想出"O"（1970，p.26）这个概念，即关于体验的不可知、无法表述的真相（参见Ogden，2004b，对于"O"的概念及其临床意义的讨论）。

比昂的第三个相关理念是"双目视野"的概念（1962a，p.86）——"需要应用一种不断变换视角的技术"（1959，p.86），我将这看作他的第一个心智功能原则的必然推论。这个理念的意思是，思考必然涉及同时从多个视角（或"顶点"）来观察现实（Bion，1970，p.83），例如，从意识和潜意识心理的视角;从自闭-毗连(autistic-contiguous, Ogden, 1987, 1989b, c)、偏执-分裂和抑郁等三个心位的视角;从工作团体和基本假设团体的视角;从人格中的精神病性和非精神病性的部分的视角,等等。从单一视角观察现实意味着无法思考。这可能出现在诸如幻觉、妄想、倒错、躁狂等明显病理性的情境中,也可能出现在其他一些表面看起来不那么病理性的状态下,比如强硬的和平主义姿态或僵化地效忠于某一精神分析思想学派的观点。能够从多个视角观察现实可以使每个顶点(每种观察现实的方式)与其他的观察/了解/体验方式进入一种可以引发变化的相互对话。

这个多顶点的理念在比昂关于心智健康和精神失常的理论构想中处于核心地位。如果一个人只有一种看待现实的方式,那他就无法思考,处于精神病状态。心智健康涉及这样一种能力:能够产生并维持多重视角,来观察/体验自己在现实世界中的生活(包括关于他自己人格的真实)。例如,一位处于相对健康心理状态的医学院学生能够同时体验到,他正在解剖的尸体属于一个曾经活着的人;它也是一具用于解剖学教学的非生命的物件;它还是关于死亡这个事实(包括他自己的死亡、他所爱的人的死亡、他将要治疗的患者的死亡)的可怕而无可否认的证据;它还体现了这个同意将自己的遗体用于医学教育的人的慷慨;这还是一个强奸现场,这么说是因为,这个学生潜意识地认为,他暴力地进入尸体就相当于强奸,并且在更深的层面上,他感觉自己被尸体强奸(这么说是因为,当福尔马林进入他的身体,在他身上以及他身体里留下颜色和气味时,尸体也就强行进入了他的心灵)。在比昂的这种构想中,思考是一个过程,在这里多种想法和感受处在与彼此间持续进行的鲜活交流中;

思考也是一种对话,其中,由于组织意义的方式的不断改变而使得想法持续处于转化(解体)并以新的方式组织成形的过程中。

2.一个人受困扰的想法,需要两个心灵一起去思考

在讨论团体带领者与团体之间的关系时,比昂(Bion, 1959)提出了我在这里所说的第二个心智功能原则。我在前文中已经讲到,与团体其他成员一样,带领团体的分析师也受到基本假设"思考"的影响。这不意味着分析师的精神机能是病态的,也不意味着他缺乏经验或不称职;相反,参与到基本假设团体运作之中对于分析师试图理解团体正在发生的事情的真相是绝对必要的:

……许多解释,尤其是其中最重要的那些,需要基于分析师自己强烈的情感反应而做出……分析师感到自己被操纵,在他人的幻想中扮演一个角色,即便有时很难识别出这一点……[分析师]体验到强烈的感受,并且与此同时相信自己在当前的客观情境中有这些感受是完全合理的[即,相信自己的感受是对团体中正在发生的事情的合理回应]。

(1959, p.149)

在这段文字中,比昂首次就自己对克莱因(Klein, 1946)的投射性认同概念所做的根本修订,从临床层面做了清晰的阐述(见 Ogden, 1979, 1982)。克莱因坚持认为,投射性认同完全是心灵内现象。然而,她用于

描述投射性认同的语言却暗示了一种人际维度："自我中分裂出来的多个部分被……投射到母亲身上,或者我更愿意说成是,进入母亲内部"(Klein,1946,p.8)。在比昂关于投射性认同的心灵内-人际版本中,分析师必须能够,根据自己身上被引出的、由伴随"他人的幻想"而来的真实人际压力所引发的感受来体验自己。然而,至关重要的是,与此同时,分析师还要能够:

> 松动与这种状态相伴随的对现实的麻木感,将自己从中摆脱出来,这[种能力]是分析师在团体中工作的首要先决条件:如果他能做到这一点,他就能给出我相信是正确的解释,并且看到它与自己先前所做解释之间的关联,而他一度对于那个解释的合理性产生了动摇。
>
> (Bion,1959,pp.149-150)

换句话说,当分析师被投射性认同抓住时,他的思考能力就受到了损害("麻木了"),从而失去了与自己先前思维逻辑的联结。例如,他已经在不经意中参与了在团体中发生的对现实的逃避(不思考或反思考)。将自己从被引发的那种心理现实中摆脱出来,并不意味着分析师只是简单地"恢复"了自己先前具有的思考能力。通过参与到团体特定的主体间状态(某种基本假设)所特有的那种无力思考或对思考的攻击,分析师被这个经验所改变,他现在处于一个新的位置(即他已经发展出了一个新的顶点),可以从这个角度理解正在发生的事情。基于这种新的理解,他或许能够向团体表述,对于团体正在经历的恐惧和憎恨,他认为的本质是什么。分析师将这些想法用言语表达出来,其目的并不是解决团体的情感问题,而是帮助团队就正在展开的情感体验的真相(现实)进行思考。

　　十年后,在《一种关于思考的理论》(1962b)和《从经验中学习》(1962a)中,比昂将自己对于思考的理论构想扩充为一种主体间体验:

　　通常,婴儿的人格,与其他环境因素[如抱持、喂食和爱的提供]一样,是由母亲管理的。如果母亲和婴儿能够相互调适,那么,投射性认同就能经由稚嫩而脆弱的现实感的运作,而在[对婴儿人格的]管理中发挥作用。

(Bion,1962b,p.114)

　　因此,在健康的投射性认同过程中,母亲与婴儿一起思考,婴儿由此获得了"稚嫩而脆弱的现实感",一种现实地感知自己、母亲以及外部世界的能力的雏形。

　　比昂继续说:

　　作为一种现实的活动[涉及两个人的真实互动],它[指投射性认同中来自婴儿的贡献]呈现为一种合理筹划的行为,用以在母亲那里唤起婴儿想要消除的那些感受。如果婴儿觉得自己快要死了[由于无法应付令人困扰的情感体验,而感觉他正在失去稚嫩的自我感],它将会在母亲那里引发快要死了的恐惧感。一位精神健康的母亲能够接收到这些感受,并报以治疗性的回应,治疗性的回应意味着,这种回应方式能够让婴儿感到自己正在收回令自己害怕的那部分人格[现在它不再处于消融或碎片化的状态中],但现在它已经转化为一种可以忍受的形式——恐惧现在对于婴儿的人格来说是可处理的了。

（Bion,1962b,pp.1140-115）

以这样的方式,母亲和婴儿一起思考着,原本对婴儿来说太过于令人困扰而无法独自思考的想法:"我们称之为'思考'的活动,最初是……投射性认同"(Bion,1962a,p.31)。

通过以这种方式重构投射性认同的概念,比昂是在表达我所说的他的第二个心智功能原则:对于一个人最令人困扰的那些想法,需要两个心灵一起去思考。这里的两个心灵可以是母亲和婴儿,团体带领者和团体成员,患者和分析师,督导师和被督导者,丈夫和妻子,等等。这两个心灵也可以是人格的两个"部分":人格中的精神病性和非精神病性的部分(Bion,1957);"做梦的梦者"和"理解梦的梦者"(Grotstein,2000);"梦工作"和"理解工作"(Sandler,1976,p.40),等等。当个人内部处在相互对话中的各部分人格的思考能力不足以承担思考令人困扰的问题这一任务时,就需要两个人的心灵,来一起思考一个人无法独自思考的问题。

由于每个发展阶段都涉及要去面对一个人感觉自己尚未准备好去面对的情感体验,所以我们终其一生都需要他人来和我们一起去思考。正如比昂(Bion,1987)所说的:"人类的基本单元是一对,需要两个人来构成这样一个单元"(p.222)。温尼科特(Winnicott,1960)的名言[如果没有母亲,就]"没有婴儿这回事"(p.39fn),用他自己的语言也表达了这一点。

3.人类发展出思考能力是为了应对(令人困扰的)想法

比昂在《一种关于思考的理论》(1962b)中提出了我所说的第三个心智功能原则,并在《从经验中学习》(1962a)中对其做了进一步发展。他说:"思考能力是由于心智受到来自想法的压力而被迫发展出来的,而不是反过来"(1962b,p.111)。这种理论"不同于其他任何理论……,[那些理论]将想法看作思考的产物"(p.111)。

在出生后最初的日子里,所有体验——包括我们后来看作安抚性的体验——都是令人困扰的,因为它是全新的和预期之外的。例如,出生后需要空气作为赖以生存的媒介,这对于生活在子宫内的胎儿来说是没有类似体验的。即便是吮吸乳房这种对婴儿来说先天具备的功能,在起初几乎总是会遇到困难。婴儿"前概念"(pre-conception,Bion,1962b,p.111)中具有的乳房,并不同于婴儿在现实中遭遇到的那个真实的乳房(即便是在母亲对婴儿的身心状态高度敏感的情况下)。婴儿的(在隐喻意义上的)第一个想法不是有乳房,而是"没有乳房"(no-breast,1962b,p.112)——缺失的乳房,或者真实的乳房与预先构想的乳房不同(差异超出了可容忍的限度)的体验:"如果[在母亲的帮助下],[婴儿]拥有足够的忍受挫折的能力,那么他内在的'没有乳房'[的体验]就变成了一种思想,并进而促生了一种用于'思考'的装备"(p.112)。相反,如果婴儿无法忍受(即便是在母亲的帮助下)由挫折引发的张力和精神痛苦,"没有乳房"的体验就会被绕过。于是,本来可能变成想法的(体验),要么变成了对张力的疏散(例如,表现为行动或过度投射性认同的形式),要么变成了对思考的逃避(例如,表现为全能"思维"的形式)。而本来可能成为思考装备的部分,现在成为一种"过度增生的……投射性认同装备"
(p.112)。

比昂的α功能理论是对第三个心智功能原则——想法引发了思考
这样一种理念——的一种阐述。比昂假定,一个人与现实的遭遇会生
成"β元素",也即"与情感体验相关的感官印象"(1962a,p.17)。这些感
官印象(如果未经进一步转化)无法通过思考过程进行相互关联,而只能
用于被疏散——例如,通过投射性认同。但我们不要忘记,是β元素构
成了我们与现实之间仅有的心理连接。我们可以把β元素看作"那些不
像想法的想法,想法的灵魂"(Poe,1848,p.80)。比昂假定,"α功能"
(1962a,p.6)(一套尚未知的,并且或许是不可知的心理运作)的作用是,
将β元素转化为可以相互关联进而形成梦思的α元素。梦思是那些令
人困扰的体验的象征化表征,在最初主要以感官体验的形式(即作为β
元素)留存。α功能运作、做梦、思考和记忆能力是"为了应对想法而出
现的"(1962b,p.111)。

除了α功能理论之外,比昂思想的另一条重要线路,"容器-所容物"
(1962a,1970;也见Ogden,2004c)的概念,是对他第三个心智功能原则
的扩展。第三个原则——为了应对那些由令人困扰的情感体验而衍生
出来的想法,人类才发展出了思考能力——在本质上是这样一种理论构
想:心智功能运作必然涉及想法与思考能力之间强有力的动态相互作
用。在比昂的容器-所容物理论中,"容器"(1962a,p.90)并不是一样东
西,而是一个过程:它是指做梦这种潜意识的心理运作,与前意识的梦样
思维(遐想)以及有意识的次级过程思维,彼此相互呼应,共同运作。"所
容物"这个术语(p.90)是指从一个人鲜活的情感体验中源源不断地衍生

出来的想法和感受。

在容器和所容物之间的关系是健康的情况下, 二者都会有所成长, 这将体现为一个人"容忍怀疑"的能力不断提升(p.92)。就容器而言, 做潜意识心理工作(即梦出自己的生活体验)的能力将会得到增长。而所容物的成长则体现在, 这个人能够从自己在现实世界的生活体验中衍生出的想法的广度和深度的扩展。

而在病理性的情况下, 容器可能会开始破坏所容物, 从而限制一个人"保留(自己的)……知识和经验"(1962a, p.93)的能力。他不再能够接触到自己之前从经验中学到的东西; 他感觉失去了自己重要的部分。而反之, 所容物也会淹没和破坏容器——例如, 在梦魇中, 当梦思变得如此令人困扰, 以至于淹没了做梦的能力, 梦者就会从恐惧中惊醒。这类似于儿童游戏中断的情形, 这时在游戏中"被处理"的想法(所容物)淹没了容器(游戏的能力)(关于容器-所容物的概念及其与温尼科特的"抱持"概念之间的关系的进一步讨论, 参见Ogden, 2004c)。

将想法视为思考的动力, 会令分析师在临床情境中不断问自己, 在分析中某个特定时刻, 有什么令人困扰的(无法思考的)想法, 是患者请求分析师帮助他思考的。分析师也意识到, 即使患者是在请求分析师帮助他思考, 患者同时也害怕和憎恨分析师试图这样做: "患者根本就痛恨自己有感受……"(Bion, 1987, p.183)。

发展出思考能力是为了应对令人困扰的想法, 这个理念还有助于形成这样一种关于治疗过程的理论: 分析师敞开接受患者无法思考的想法并对其做心理工作, 其目的不是替代患者去思考, 或取代其思考能力, 而是提供一种与患者一起思考的体验, 来为患者创造条件, 使之能

够进一步发展他与生俱来但尚待发展的思考能力(他自己与生俱来的
α功能)。

　　因此,精神分析过程的目标,不是帮助患者解决其潜意识的内在冲
突(或其他任何情感问题),而是帮助他发展自己的思考能力和体验感受
的能力。一旦这个过程启动,患者就开始面对与忍受自己的情感问题。
患者将会越来越有能力与分析师以外的其他人一起思考,与他们展开各
种"对话";他也会越来越有能力自己进行思考,这些思考涉及他自己人
格的不同部分,而这些部分在此前尚不能被他用以进行意识、前意识和
潜意识的心理工作。

4.做梦以及人格中的精神分析功能

　　我所说的比昂的第四个心智功能原则是这样一种理念:人格中具有
与生俱来的精神分析功能,而做梦是实现这一功能的主要过程。

　　比昂提出了"人格中具有与生俱来的精神分析功能"(1962a,p.89)
这一假说,他提议,人格中先天就具备一种能力,可以进行以下三个方面
的心理运作:生成个人化的象征意义、形成意识,以及就自己的情感问题
做潜意识的心理工作的潜力。精神分析功能的这三个组成部分都是促
进心理成长所需要的。构成人格的"精神分析"功能的,是这样一个事
实:心理工作的达成在很大程度上有赖于同时从意识和潜意识心灵两个
视角来看同一个情感问题。比昂认为,做梦(作为潜意识思考的同义词)
是执行这项工作的主要心理形式。

做梦在我们清醒时以及入睡时都持续地在发生（Bion,1962a）。正如即便在被太阳的光辉遮蔽时，星星仍然在天空中，做梦同样也是持续存在的心理功能，包括在它被醒时生活的光辉遮蔽而不被意识到的时候。做梦是人类所具有的心理工作形式中最自由、最包罗万象，也是最深邃的。比昂以这种方式构想人格的精神分析功能，根本地改写了弗洛伊德对梦工作和精神分析过程的理解。弗洛伊德认为，做梦和精神分析的目标是让潜意识意识化——也就是说，让潜意识体验的衍生物可用于意识层面（次级过程）的思考。

而比昂则认为，潜意识是人格的精神分析功能之所在，因此，要进行精神分析工作，一个人需要将意识潜意识化——也就是说使意识层面的生活体验可以被用于潜意识的梦工作。比昂认为，梦工作是一种心理工作，它让我们得以创造个人化的象征意义，从而成为我们自己。换句话说，我们梦出自己的存在。如果没有做梦的能力，我们就无法创造出属于自己的个人化的意义：我们将无法区分幻觉与觉知，无法区分自己的觉知与他人的觉知，也无法区分梦中的生活与醒时的生活。在这种心理状态下，一个人"无法入睡也无法醒来……精神病患者的行为显示，他就是处于这种状态"（Bion,1962a,p.7）。

比昂还认为，做梦是让我们获得意识的心理活动。做梦"制造了一种屏障，阻隔了（潜意识的）心理活动，避免使人被其淹没而无法觉察（例如）他正在与朋友交谈；与此同时也避免使他对自己正在与朋友交谈的（有意识的）觉察，淹没自己的（潜意识）幻想"（Bion,1962a,p.15）。做梦不是意识心灵和潜意识心灵分化的产物；相反，做梦创造和维持了这种分化，从而形成了人类意识。

　　总之,比昂的第四个心智功能原则认为,做梦构成了人格的精神分析功能的核心部分。做梦是我们最深刻的思考形式,也是让我们获得人类意识、实现心理成长以及有能力从生活体验中创造出个人化的象征意义的主要媒介。我将以回到本节开头的方式来结束本节。我认为比昂的思考理论建立在心智功能的四个重叠且相互关联的原则之上:(1)思考是由人类对了解真相的需要驱动的——真相是指他自己是谁以及他的生活中当下正在发生什么的现实;(2)对于一个人最令人困扰的那些想法,需要两个心灵一起去思考;(3)是为了应对那些由令人困扰的情感体验而衍生出来的想法,人类才发展出了思考能力;(4)人格中具有与生俱来的精神分析功能,而做梦是该功能运作的主要过程。

比昂的临床思考

　　现在我将阐述,比昂的临床思考方式是如何建立在他的思考理论,以及在我看来是构成这个理论的基础的心智功能四原则之上的。我将在这里讨论的临床工作选自比昂于1978年在圣保罗进行的系列临床研讨会中的第16次(Bion,1987,pp.200-202)。

　　研讨会是这样开始的:

　　案例呈报人:患者躺在躺椅上,开始讲话。"J太太是我的房东。她八十八岁了。我梦见她在路上走,她边走边谈论着租房协议。"然后她大

叫起来,"你在我身后干什么?马上告诉我。你是个不诚实的骗子!"这
令我感到惊讶。

(p.200)

　　开头这段话我每次读都感到困惑。"然后她大叫起来……"这个表述
中的"她"这个代词是有歧义的。案例呈报人用代词"她"的时候,是在继
续引用患者的话来讲述这个梦,因此(大叫起来的)"她"是梦中的人物
吗?还是,案例呈报人这时开始用自己的语言来对比昂讲述这个梦,因
此"她"指的是患者,而如果"她"指的是患者,那么紧接其后的引号中的
句子就是患者对案例呈报人大叫的话:"你在我身后干什么?马上告诉
我。你是个不诚实的骗子!"比昂(请注意:他是在听案例呈报,而不是阅
读文字)不可能知道,究竟是梦中的J太太在对患者大叫,还是醒着的患
者在对案例呈报人大叫。每次读这段文字时,我都需要花费一番努力去
弄清楚引号里面的内容指是什么,才能确定,是患者中断了讲述自己的
梦,在向分析师叫喊。分析师对比昂评论说:"这令我感到惊讶。"这也令
我感到惊讶,因为案例呈报人的表达方式给读者制造了困难,而令比昂
完全无从区分,哪些内容是梦中的生活,哪些是醒时的生活。

　　比昂回应说:

　　我在想,困难是什么?如果她知道你是个不诚实的骗子,那么,显然
你在她背后正在做的事情就是撒谎。那她为何要问,你在她背后干什
么,你只会告诉她更多的谎言。

(p.200)

　　案例呈报人并不是骗子,但他让理解这个小节中发生了什么变得很困难。或许是对这个小节的这种令人困惑的表述使得比昂说:"我在想,困难是什么?"比昂这样说,保留这样一种可能性,即他是在问案例呈报人的困难是什么(除了询问患者的困难是什么之外)。

　　比昂继续说:

　　或者,她是在害怕你不说谎吗? 如果她认为你有可能说的是真相,那么这可以解释为何她要问你在干什么。

（p.200）

　　比昂是在暗示,患者害怕(同时也高度认可)分析师的思考方式,这种思考是针对他们之间发生的情感体验的真实。这里暗含的内容反映了比昂的第一个心智功能原则——思考是由人类对了解真相的需要驱动的。在这个小节的这一刻,这个真相涉及:识别出患者无法区分清醒和做梦,也就是说,患者处于精神病性状态。

　　患者试图阻止分析师思考,不仅对他大叫来令他惊讶,还将思想与"行动"等同起来,并坚持要他马上告诉自己他正在干什么,也就是说不允许他思考,从而终结真正的思考,将其变成一种反射性的令人害怕的行动。我相信,在这次研讨会的这个部分,案例呈报人不仅用语言对比昂说出他与这个患者一起经历的令人极度困扰的体验,他还通过不经意地给读者制造困难和令比昂完全无从区分梦中的生活和醒时的生活,来直接向比昂展示了这种体验。通过这种方式,案例呈报人在比昂身上引

发了类似于患者的精神病性部分对案例呈报人产生的影响,这种影响是
案例呈报人无法独自进行思考的。

比昂继续说道:

换句话说:这个故事有些不对劲:要么是患者在说谎,要么是她在诽
谤分析师。否则她为何要在一个不诚实的骗子那里浪费时间呢?

(p.200)

通过指出这样一个自相矛盾之处,即患者将分析师视为骗子,但仍
然继续找他做分析,比昂(如第五章所讨论的)是在提出他在系列临床研
讨会中最经常问的那个问题:"患者为什么前来做分析?"这个问题反映
了比昂的第二个心智功能原则,即对于一个人最令人困扰的那些想法,
需要两个心灵一起去思考(并且,由此引申,这正是患者前来做分析的原
因)。对比昂来说,那个无所不在的临床问题是:"什么样的想法或情感
问题,是患者正在(情感矛盾地)请求分析师帮助他思考的?"

研讨会继续进行:

案例呈报人:我说,"我在听"[回应了患者的要求,即要马上知道分
析师在干什么]。她回答说:"对,这很重要。"她平静下来,继续讲述自己
的梦。

比昂:这个后续发展很有意思。请注意,分析师并没有就自己是否
是个不诚实的骗子做出辩解[他没有就患者对他思考的攻击做出愤怒或
恐惧的还击];他没有起身离开房间[他没有以行动的方式驱散想法];他

也没有发脾气[他保持着能够思考的心理状态]。这看起来对患者很有帮助。这不是一个疗愈,但有一点点治疗作用,至少使得再进行一两分钟[的思考]成为可能。重要的不仅仅在于你说了什么或做了什么,还在于你没有说什么或做什么。

(pp.200−201)

　　像往常一样,比昂对案例呈报人的回应很朴实。他简单地用"有意思"来评论分析师的工作,但在全部的52次"临床研讨会"中,这是仅有的一次,比昂退后一步,要求其他研讨会成员"注意",分析师在当前讨论的临床情境中做了什么。虽然比昂并未明确说出来,我相信,案例呈报人的回应起效的至关重要的一点是,他平静地拒绝了受到惊吓的患者所提供的选择(即坦白或自我辩护),在这里,这两种选择中的无论哪一种,都是一种反射性的不思考。相反,尽管意识到患者被分析师思考的方式吓坏了这个事实,案例呈报人依然温和而不加防御地提醒患者,自己是正在倾听和思考的分析师,并将继续这样存在。与此同时,患者也害怕案例呈报人不能继续作为一名分析师,来和她一起思考和梦出她无法独自思考/梦出的可怕经历,从而帮助她恢复理智。在试图向分析师讲述自己的梦时,患者的思考/做梦的能力崩塌了,她变得越来越无法区分清醒和做梦,因此她对待分析师的方式就仿佛他是自己梦中的人物一样。

　　试想一下,假如案例呈报人不是简单地回应说"我在听",而是说:"你担心,当你攻击我时,我会变得害怕你,以至于无法思考,因此,我将无法作为一名分析师来帮助你思考你的想法,让你感觉自己是心智健全的",那将会是多么的不同。后者在内容上是准确的,但在我听来是非常刻板的精神分析式的表达。并且，我不认为处于严重困扰状况下的患者能够听得进去那么长、那么复杂的解释，她大概只能听到头几个字。相比之下，分析师的陈述"我在听"，听起来像是一个人以真正属于他自己的方式进行思考，并对另一个（处于极度恐惧之中的）人所说的话做出回应。

患者的回应是，不仅用言语表达"对，这很重要"，还表达了"平静下来，继续讲述自己的梦"。换句话说，通过体验到自己精神病性的想法被分析师的思考所容纳，患者（或许在这个小节中是第一次）能够思考，即便只是"一两分钟"。

案例呈报人：她继续讲述自己的梦："J太太想要进屋子里查看。其中一个房间里有一幅裸体的肖像画，我知道她不喜欢。所以我试图阻止她进来，但我做不到。在厨房里有两件沾染了血迹的衣服。"

比昂：患者说这是个梦。你相信吗？ 听起来很可能她想要阻止你看到她内心有什么，那会令她感到自己是赤裸的。但她无法锁上门；无法让你离开；她无法立即停止精神分析。于是现在，你或许会发现，她是个什么样的人。然而，总是有一道保护在那里：如果你给出解释，她可以说，"没关系——我并不真的这么想——这只是一个梦而已。"

（p.201）

比昂在这里回应说："患者说这是个梦。你相信吗？"除了比昂，还会有第二个人以这样的方式回应"梦"吗？ 比昂的问题（在我看来）是为了将案例呈报人的注意力引向这样一个事实：患者无法做梦，无法区分内在与外在现实，无法区分醒来和睡着的状态。

　　患者看起来似乎在讲述前一晚做的一个梦，但她并未从这个"梦"中醒来，这也不是一个真正的梦，因为它不涉及对意识和潜意识体验的区分。在我看来，患者在这次访谈中经历了一种类似于夜惊（睡眠中出现的一种现象，它不是梦，而是一种无法梦出可怕经历的体验）的心理状态（见 Ogden，2004a，2005a，讨论真正的梦、夜惊以及梦魇）。案例呈报人的优雅解释"我在听"，通过容纳患者无法思考的梦思，起到了帮助患者真正从她的"不是梦的梦"中醒来的效果。

　　接着，对患者此前无法梦出的想法的本质，比昂开始谈自己的看法。他将这个梦看作患者在表达，她认为自己无法将自己的想法和分析师的想法区分开，因而无法阻止分析师"看到她的内心，让她感到自己是赤裸的"。违背自己的意愿被看到裸体的体验，和感到自己被理解的体验恰恰相反，更像是被强奸的体验（或许这就是"梦"中沾染了血迹的衣服所象征的含义）。

　　然后比昂做了一个奇怪的、有些高深莫测的表述："现在[在向患者展示即便她向你大叫时你也能继续思考之后]，你或许会发现，她是什么样的人"（p.201）。我认为比昂是在暗示，在患者的大叫得到了案例呈报人冷静而深思熟虑的回应的帮助下，患者人格中的非精神病性部分或许会在分析中拥有更强大的力量。人格中的非精神病性部分是，患者身上能够思考/做梦、能够利用自己亲历的情感体验来以她自己独特的方式做一些事情的那部分。在这个意义上，在这次会谈中的这一刻，患者或许能够开始梦出自己的存在，从而为案例呈报人以及患者自己提供机会来"发现她是什么样的人"。"这一连串的想法反映了比昂的第四个心智功能原则——即使患者完全陷入精神病状态,人格的精神分析功能仍然能够运作,尽管会极大地受限。这种假设是分析工作的基础,不仅对精神分裂症和有其他严重困扰的患者如此,对所有患者、被督导者或团体的精神病性部分也是如此。

但是,比昂警告说:"然而,总是有一道保护在那里:如果你给出解释,她可以说:'没关系——我并不真的这么想——这只是一个梦而已。'"这里,比昂是在谈论想法对思考的影响:患者对分析师以及她自己的思考能力的攻击可能会卷土重来。虽然在这里比昂没有用这个词,但他在别处将这里所描述的攻击的形式称为"可逆视角"(Bion,1963,p.50)。在系列临床研讨会中,比昂谨慎地避免使用技术术语。

比昂指出的这种不思考,涉及图形和背景之间的相互转换[1],从而破坏了分析师对自己的观察和思考能力的运用:当分析师描述"图形"(例如,对于梦中呈现的个人意义的一种解释)时,患者声称(并相信),唯一真实的是背景(例如,"荒谬的"显性内容)——"没关系——我并不真的这么想——这只是一个梦而已"(p.201)。于是,想法不再被用于帮助发展思考,而是用于破坏思考。从比昂另一种对想法与思考之间关系的理论构想的视角来看,患者认为梦是毫无意义的这种想法(所容物)正在摧毁患者和分析师一起思考的能力(容器)。这些理念反映了比昂的第三个心智功能原则——发展出思考能力是为了让人能够面对令人困扰想法,并且在一个人的想法与思考能力之间,终其一生都持续存在着一

---

1   参见图形-背景理论。——译者注

种强有力的动态相互作用。

案例呈报人继续说：

她继续说，"我担心房东不和我续约，她会埋怨我没有照顾好她的房子——尽管在我刚租下来时这房子的状况比这更糟。她用魔杖一挥，把裸体肖像变成了一位穿着玫瑰色连衣裙的黑人妇女。黑人妇女开始动了起来。我看到了一扇以前从未见过的门，我打开它，发现一株垂死的植物。我担心房东因为我没有照顾它而生气。我试图用房东之前用过的魔咒让它恢复生机，但是不管用。"然后她开始再次叫喊道："你在那里干什么？你是个骗子。你正在做一些你不想让我知道的事情。我恨你。我要摧毁你，把你撕成碎片，再把碎片扔掉。"她非常非常愤怒。

(p.201)

在这段话里出现了和讨论会开头第一段同样的歧义。是梦中人物在对另一个梦中人物叫喊，还是在醒着的患者在对分析师叫喊？（唯有标点符号——叫喊的话是包含在双引号中而非单引号中——表明了，是患者在向案例呈报人叫喊，而不是一个梦中人物在对梦中的患者叫喊。）由于比昂是在聆听案例呈报而不是在阅读文字稿，因此，他无从知道是谁在叫喊——是患者还是患者梦中的一个人物。清醒和睡着的状态之间的区分再次消失了。我觉得患者自己似乎也正在消失。即便我已经多次读过这句话，"我……发现一株垂死的植物，"我还是会把它误读成，"我……发现一个垂死的患者。"

比昂这样回应这部分的案例呈报：

你在对她做什么呢？她继续讲话，也就是在拿掉自己的伪装。如果你拿掉黑皮肤，就有一个人出现在那里；如果你拿掉梦，她自己就在那里。[或许比昂是在暗示，那个梦不是个梦，而是对患者人格中的非精神病性部分的攻击。如果没有了破坏意义和破坏做梦者的"梦"，就会出现一个能够思考的人。] 我想她在担心你正在对她做什么。为什么你要她说真话？表面看来你只是在说话，但她知道不仅仅是这样。你正在以某种特定的方式说话，这种方式会使她暴露真相……所以尽管这对患者来说是可怕的，分析师仍然需要保持思考能力。但我们无法通过不允许自己生气或害怕来解决这个问题。我们需要能够拥有这些强烈的感受，并且能够在有这些感受时还能保持清晰的思考。

（p.202）

研讨会以比昂的上述评论结束。在比昂正在讨论的这次会谈的这一部分，患者在"梦"/幻觉中变得越来越害怕。倾听这次会谈的这部分中的患者，对我来说就像是看着一个人正在溺水。患者觉得自己正在濒临死亡或者说丧失理智——这二者几乎是同一件事。随着这段文字一字一句地发展，我们看到患者越来越变成自己梦中的一个角色；而与此同时，她梦中的人物（房东和裸体的肖像）正在变成活人，并且患者感到他们在占据她醒时的生活。

在发表的版本中关于本次研讨会的部分，对这次会谈只提供了非常简要的概述，在案例呈报人说"我在听"之后，文本没有再提供他的任何干预，或者哪怕是他的想法。对这次研讨会的这种编辑和转录的人为处理，加剧了这样一种痛苦的感受：患者的解体感并未得到来自分析师的进一步帮助，即试图去涵容患者的恐惧。

结　论

作为本章的结尾，我将以和前文略为不同的方式来陈述，我认为的比昂思考理论的这些核心原则。

比昂认为，思考最根本的起源是人类想要去了解关于自己是什么样的人以及在自己的生活中发生了什么的真相的需要。令人困扰的想法（未经处理的体验）为发展出思考（对其做心理工作）能力提供了动力。人类与生俱来地存在一种可以对我们的体验做心理工作的"内部结构"，比昂称之为人格的精神分析功能。这种先天结构类似于先天的语言"深层结构"（Chomsky，1968），这是我们具有学习语言的能力的基础。

在整个生命过程中，我们不断地发展思考/梦出自己鲜活的情感体验的能力。但是，如果超出一个临界点（这个临界点对每个个体来说是不同的），我们就会觉得思考/梦出自己的体验变得令人无法忍受。在这种情况下，如果幸运的话，会有另一个人（可能是母亲或父亲、分析师、督导师、配偶、兄弟姐妹或亲密的朋友），愿意且能够和我们一起梦出我们自己先前无法梦出的体验。做梦——无论是我们独自还是与另一个人一起——是最深刻的思考形式，也是在我们试图面对自己情感问题的现实并处理它们的过程中，进行心理工作来成为一个人的主要媒介。

第七章　阅读罗伊沃尔德：
　　　　重构俄狄浦斯理论

在精神分析史上，弗洛伊德提出的俄狄浦斯情结曾被克莱因、费尔贝恩、拉康、科胡特等人多次再创造。罗伊沃尔德(Loewald, 1979)对俄狄浦斯情结的重构，其核心在于这样一个理念：对上一代人的创造成果加以利用、破坏和再创造是每一代人的任务。罗伊沃尔德版本的对俄狄浦斯情结的重构，就我们如何看待人类在成长、老去，以及在从成长到老去之间的过程中所面临的许多根本任务提供了全新的视角，这些任务包括尝试创造出自己独特的产物，可供其后代加以利用来创造属于后代自己的独特产物。罗伊沃尔德以这种方式对弗洛伊德版本的俄狄浦斯情结进行了再创造，而我的任务则是，在将罗伊沃尔版本的俄狄浦斯情结呈现给读者的过程中，对其进行再次重构。我将通过精读罗伊沃尔德(Loewald, 1979)的文章《俄狄浦斯情结的消退》来展示罗伊沃尔德是怎样思考这个问题的？为何我将这篇文章看作精神分析思想发展史上的一个分水岭？

叙述性写作中固有的顺序特质让罗伊沃尔德难以表达出俄狄浦斯情节中的各要素之间的同时性，我也同样身陷这一困境。我决定，大致上按照罗伊沃尔德自己写作的顺序来讨论他那些相互交叠的理念，这些理念包括：相邻代际的影响力和原创性这二者之间的张力；杀死俄狄浦斯双亲并占有其权威；孩子关于父母的体验的蜕变[1]内化，这为他形成一个能够为自己负责的自体感奠定了基础；过渡性的乱伦客体关系，在分化的客体关系和未分化的客体关系这两种形式的客体关系之间的辩证相互作用中处于居中调停地位。最后，我将对弗洛伊德和罗伊沃尔德对俄狄浦斯情结的理论构想进行比较，以此来作为本章的结尾。

弗洛伊德的俄狄浦斯情结理论

为了介绍罗伊沃尔德作品的背景，我将首先回顾我理解的弗洛伊德版本的俄狄浦斯情结的要点。弗洛伊德对俄狄浦斯情结的理论构想是基于四个革命性的理念：（1）一切人类心理及其病理，以及一切人类文化成就，都可以从根植于性本能和攻击本能的冲动和意义的视角来理解；（2）性本能被体验为一种驱力，它与生俱来，并在生命的头五年里依次体现在口腔、肛门、性器等部位；（3）在人类已经创造出来的众多神话和故事中，精神分析理论将俄狄浦斯神话看作组织人类心理发展的唯一最重要的叙事；（4）由三角关系中冲突性的谋杀和乱伦幻想构成的俄狄浦斯

1　metamorphic，原意指发生在某些物种中的由幼虫到成虫的迅速而显著的变化。——译者注

情结是"必然的,由遗传决定的"(Freud,1924,p.174),也就是说,也就是说,它体现了人类普世的、与生俱来的以这种特定方式组织经验的倾向(参见Ogden,1986a)。

弗洛伊德(Freud,1924)认为,俄狄浦斯情结是和性心理发展过程中的性器期"同时出现的"(p.174)。这是一个心灵内和人际相互交织的亲子关系,以男孩为例,他将母亲看作自己的浪漫情感和性欲望的对象,并希望取代父亲的位置和母亲在一起(Freud,1910,1921,1923,1924,1925)。父亲既是被钦慕的,同时也被看作会惩罚他的竞争者。对男孩来说,攻击本能表现为想要杀死父亲将母亲据为己有。想要杀死父亲的愿望是极为矛盾的,因为男孩对父亲同时还怀有前俄狄浦斯情结期性质的爱与认同,以及在负性俄狄浦斯情结(Freud,1921)支配下对父亲情欲性的依恋。男孩想要杀死父亲的愿望(在正性俄狄浦斯情结的支配下)和想要杀死母亲的愿望(在负性俄狄浦斯情结的支配下)会激起他的内疚感。类似地,女孩将父亲作为自己欲望的客体,想要取代母亲的位置和父亲在一起。她对于自己在俄狄浦斯情结(Freud,1921,1925)的支配下产生的乱伦和弑亲愿望,也同样会感到内疚。

孩童怀着罪疚感,害怕自己的谋杀和乱伦愿望会受到惩罚——被父亲阉割。无论阉割的威胁在现实中是否存在,它都存在于孩童的内心世界,呈现为"原初幻想"(Freud,1916-1917,p.370)的形式,这是一种普世的潜意识幻想,是人类心灵的一个组成部分。

"分析性观察……支持了这种观点,即阉割威胁导致了俄狄浦斯情结的解构"(Freud,1924,p.177)。也就是说,孩童出于对遭受阉割惩罚的恐惧,而放弃了自己对俄狄浦斯双亲的性冲动和攻击冲动,这种"对客体的贯注……"被对父母权威、禁忌和理想化的"认同"（Freud, 1924, p.176）所取代，这种认同构成了一个全新精神结构的核心，这个精神结构就是超我。

影响力和原创性之间的张力

现在，让我们带着对弗洛伊德对俄狄浦斯情结的理论构想，来看看罗伊沃尔德对这个主题的理论重构。罗伊沃尔德论文开篇的第一句话令人感到奇怪，因为它并未谈及这篇论文要讨论的主题："本文要表达的观点，很多都已经由前人表达过了"（Loewald, 1979, p.384）。[1]怎么有人会以否定自己原创性的声明来开始一篇精神分析作品？为什么要这样做？罗伊沃尔德紧接着马上（仍然没有就自己奇怪的方式向读者做出解释）引用了一段冗长的文字，出自布洛伊尔对《癔症的研究》一文的理论部分的介绍：

当一门科学飞速发展时，起初由个体表达的思想很快变成了公共知识。因此，今天，任何试图对癔症及其心理基础发表见解的人，都不可能不大量重复他人的观点，这些观点正在从个人产物变成公共知识。我们

1　本章中所有的引文页码，除非另有标注，均引自罗伊沃尔德（Loewald, 1979）的《俄狄浦斯情结的消退》。

往往很难确定是谁首先说出了这些观点,当一种观点已经被他人说过之后,依然将其视为某个个人的创造物是有风险的。因此,如果你发现本文中引号用得太少,并且未能在我自己的话和他人的原创之间做出明确的区分,我希望能得到谅解。我要声明,在下面你将要读到的内容中,原创的成分是非常少的。

(Breuer and Freud,1893–1895,pp.185–186;由 Loewald 引用 ,1979,p.384)

通过将罗伊沃尔德宣布放弃原创的声明与布洛伊尔在近一个世纪前所做的几乎一模一样的声明并列在一起,罗伊沃尔德下意识地制造出一种一种循环的时间感。在开始讨论他自己关于俄狄浦斯情结的理念之前,罗伊沃尔德通过让我们产生的阅读体验将这些理念展示给了我们:任何一代人都没有权利对其创造物宣称绝对的原创性(参见 Ogden,2003b, 2005b)。但即便如此,新一代依然贡献了一些自己独有的东西:"本文要表达的观点 ,很多[并非全部] 都已经由前人表达过了"(Loewald);"原创的成分非常少[但有一些]"(Breuer)。[1]

罗伊沃尔德在字里行间表达的观点是,孩子的宿命(同样也是父母的宿命)是,他自己的创造将进入"从个人产物变成公共知识"(Breuer)

1　布洛伊尔的话呼应了柏拉图在两千五百多年前所说的话:"现在我意识到,这些理念无一来自我——我知道自己很无知。我想,唯有另一种可能,那就是,他人的话语流进我的耳朵,就像注入空水罐;而我太愚蠢,以至于忘了是在哪里听谁说了这些话"(Plato,1997,p.514)。有着哲学受训背景的罗伊沃尔德想必对这段话很熟悉。

的过程中。换句话说,我们创造出来的带着自己印记的产物将会成为公共知识库的一部分,而在这个过程中我们成了无名的,但并非对后代无关紧要的祖先:"当一种观点已经被他人说过之后,依然将其视为某个个人的创造物是有风险的"(Breuer),他的名字已经被后代遗忘了。

罗伊沃尔德在文中继续探索,并提出,在一个人受惠于自己的祖先、与他希望摆脱祖先获得自由从而能够以自己独有的方式成为一个人这二者之间,存在着一种张力。在罗伊沃尔德的构想中,这种影响力和原创性之间的张力在俄狄浦斯情结中处于核心地位。

不只是压抑

罗伊沃尔德在文章的第二段仿佛是再次开篇,将俄狄浦斯情结定义为"一组核心的由本能驱动的、亲子关系中的、三角冲突的心理表征的集合"(p.384)。(通过几度开篇再几度结尾的方式,这篇论文自身呈现了出生与死亡的循环往复,标志着永无止境的世代循环。)接着,罗伊沃尔德又将我们的注意力引向弗洛伊德(1923,1925)在谈论俄狄浦斯情结的宿命时使用的强有力的词汇,来表述俄狄浦斯情结的"被破坏"(Freud,1924,p.177)和"被摧毁"(Freud,1925,p.257)。此外,弗洛伊德(Freud,1924)还强调,"如果自我……仅仅是压抑了俄狄浦斯情结,那么俄狄浦斯情结会以潜意识状态持续存在……并在日后呈现致病性的影响"(p.177)。这个理念为罗伊沃尔德理解俄狄浦斯情结的宿命提供了密钥。

　　读到这里,读者可能会感到头晕,这是因为两个令人费解的相关理念交汇在一起:(1)俄狄浦斯情结被"摧毁"了(我们该怎样理解这样一个理念:在健康发展的情况下,某些最重要的人类体验会被摧毁);(2)俄狄浦斯情结的摧毁"不只是压抑"(无论压抑这个词的含义是什么)。在此处,以及在整篇文章的阅读中,读者都需要自己进行大量的思考,利用罗伊沃尔德呈现的理念去创造出自己的产物。毕竟,这是每一代人在面对前辈的创造成果时所面临的任务。

　　在阅读这篇文章的这部分时,为了找到方向,读者必须努力解决以下几个问题。首先,读者需要确定压抑这个词在这里是什么意思。在弗洛伊德的写作中,他用这个词指代两个互有交叠但又有着显著区别的概念。有时,这个词指代一种心理运作,这种运作是为了建立"潜意识,使之成为与心灵的其他部分分开的一个单独的领域"(Laplanche & Pontalis,1967,p.390),这是心理健康的必要条件之一。而另外一些时候——我认为也包括我们正在讨论的这个地方——这个词用于指代一种致病性的行为,即将令人困扰的想法和感受从意识中驱逐出去。这样做所造成的影响,不仅使得被压抑的部分被从有意识的想法中隔离出去,还让被压抑的想法和感受在很大程度上无法被意识和潜意识的心理工作所触及。

　　读者还需要尝试自己去做出构想,罗伊沃尔德所说的"不通过压抑而是通过摧毁构成俄狄浦斯情结的那些想法、情绪感受、身体感觉和客体关系体验来终结俄狄浦斯情结"是什么意思。对我来说——并且我认为这一点对精神分析师们来说是种共识——任何重要的体验,一旦在心理上被记录,无论是在意识层面还是潜意识层面,就永远不会被摧毁。这些体验可能会被潜抑、压抑、移置、否认、否定、分离、投射、内摄、分裂、排除等,但绝不会被摧毁或拆除。任何发生过的体验都不可能在心理上被"撤销发生"。但这恰恰是弗洛伊德和罗伊沃尔德坚持认为的在俄狄浦斯情结消退过程中所发生的情况,至少在很大程度上是如此。至于俄狄浦斯情结经历的"不仅仅是压抑"(而是被摧毁了)这个说法是什么意思,这个有待解答的疑问在阅读罗伊沃尔德作品的过程中会引发一种张力,这种张力恰恰类似于与未解决(但也没有被压抑)的俄狄浦斯冲突共处的体验。它令触及的一切都变得不安定,这种不安定意味着一种活力。

弑亲:爱的谋杀

在引入了上述这些关于俄狄浦斯情结被摧毁的想法和疑问之后,罗伊沃尔德接着对传统的俄狄浦斯谋杀的概念进行了扩展。他用弑亲这个词来指代"一个人谋杀与之处在特定的神圣关系中的他人,例如父亲、母亲、其他近亲,或(在更广泛的意义上)其统治者的行为。有时也指犯下叛国(*Webster*, *International Dictionary*, 2nd ed.)的罪行"(cited by Loewald, 1979, p.387)。[1] 对于弑亲行为,罗伊沃尔德有如下观察:

1　罗伊沃尔德用神圣(sacred)这个词,在非宗教意义上指代一种有别于他者的特有的庄严与敬畏,就如柏拉图和博尔赫斯认为,把诗歌和其他形式的人类表达区分开来的是——诗歌是"有翼飞翔的、光亮而神圣的"(Plato,被 Borges 引用,1984,p.32)。

被杀死的是父母的权威,于是,孩子与父母之间联结的神圣性被侵犯了。如果我们依据词源学的解释,是父母给孩子带来生命,并养育、供养和保护孩子,这些构成了他们作为父母的身份和权威(作为孩子创造者的原创权),从而使得孩子与父母的联结具有神圣性。弑亲是对这种联结的神圣性所犯下的罪行。

(p.387)

罗伊沃尔德一再地在文中引用词源学——词汇的起源,以及词意的使用和演变历史。

弑亲涉及对父母权威以及父母是孩子创造者的声明的反叛。这种反叛涉及的,不是以仪式化的方式将接力棒从一代传递到下一代,而是用谋杀来切断神圣的联结。孩子破坏与父母的神圣联结,并不意味着他出于害怕身体伤残(阉割)的威胁而做出的回应,而是对从父母那里"寻求解放的活跃冲动"(p.389)的一种饱含激情的宣言。在这里,罗伊沃尔德将冲动(这个词和本能的身体驱力有着密切关联)和解放两个词连在一起,从而生成了一种关于个体化的内在驱力理论。通过使用这样的语言,罗伊沃尔德将本能理论扩展到包括但不限于性欲和攻击冲动的其他驱力(参见 Chodorow,2003;Kaywin,1993;and Mitchell,1998,对罗伊沃尔德著作中本能理论和客体关系理论之间关系的讨论)。

在俄狄浦斯的战场上,"对手是必不可少的"(p.389)。真正父母权威相对缺位,让孩子没有什么可以占有了。此外,父母权威未能建立的情况会导致孩子的幻想缺乏"制动闸"(Winnicott,1945,p.153),也就是说, 他能够确定地知道, 自己的幻想不会被允许在现实中实现。对孩子来说, 当父母的权威没有为他的幻想拉下"制动闸"时, 谋杀自己所爱和所依赖的人的幻想会变得太过可怕, 令人难以承受。在这样的病理性环境中, 孩子会为了避免让自己处在可能真的会杀死父母的危险中, 而压抑(活埋)自己的谋杀冲动, 并对这些感受采取严厉的惩罚立场来增强这种压抑。悖论的是, 在健康的情境下, 感觉到父母权威的在场反而令孩子能够在心理上安全地杀死父母(一种无须压抑的幻想)。俄狄浦斯式的弑亲并不需要被压抑, 因为它从根本上是一种爱的行动, 一种"对父母身上让孩子感觉深爱和仰慕着的一些东西的满怀激情的占有"(p.396)。在某种意义上, 俄狄浦斯父母在幻想中的死亡, 是孩子在为独立和个体化奋斗的过程中发生的"附带伤害", 杀死父母本身并不是目的。

　　罗伊沃尔德认为, 俄狄浦斯情结的核心是代际间的对峙, 是为了自主、获得权威和责任而进行的生死角斗。在这场斗争中, 父母"在不同程度上被拒绝、被对抗和被摧毁"(pp.388–389)。这个过程中遇到的困难不仅来自弑亲幻想本身, 还来自不能安全地实施弑亲行为, 以此来切断对父母的俄狄浦斯联结。下面这个简短的临床描述展示了, 在试图俄狄浦斯式地占有父母权威的过程中遇到困难的一种形式。

　　N先生在分析进行了几年后, 给我讲了下面的梦:

　　深夜, 我在一家酒店的前台登记入住, 接待的男士告诉我, 所有的房间都已经被预订了。我说, 我听说酒店通常会保留少量空房间, 以便提供给半夜到来的客人。我心想, 这些房间是留给大人物的, 但我没有说出来。我知道自己不是什么大人物。在长长的签到台另一端, 有位年长的女士在办理入住。她以一种命令式的语气说:"他是和我一起的——他会和我住一个房间。"我并不想和她住一个房间。这个想法令我反感。我感觉自己无法呼吸,想要离开酒店,但却找不到出口。

N先生说,他对这个梦感到极为尴尬,曾经考虑不把它告诉我。他说,即便我们经常谈及,但他不确定:他是对父母内心并没有为他这个孩子保留心理空间而产生的那些感受,还是对梦里那个女士让他住她的房间,以及隐含的和她睡一张床的提议,感到极度恐惧。

我对N先生说,他对这个梦感到尴尬,可能不仅是因为被要求和母亲同床这个想法吓到,由于缺乏权威来为自己在成人世界找到位置,这个男孩永远无法成为一个成年男人。

相比之下,我们可以看到,在以下对一位20多岁男性的分析中,多少呈现了健康的俄狄浦斯代际传承的体验:

一位医学院学生在和我做分析接近尾声的阶段,在发现我显然对精神病药物学近25年来的进展所知甚少之后,开始以饱含深情的方式戏称我为"老家伙"。这让我想起我自己的第一次分析,在分析开始的阶段我也是一个医学院学生。当我就自己关于精神分析的最新进展掌握的知识和我的分析师竞争时,他偶尔会自称"老人家"作为回应。我还记得,当我看到他看起来似乎很平静地接受了自己作为"老去的"一代分析师,以及我作为新(并且我相信也是更有活力的)一代分析师各自所处的位置时,我感到很惊讶。

当我和这位医学院学生在一起时,关于我的分析师自称老人家的回忆冲击着我,令我感到既滑稽又不安——不安之处在于,在他说那个话的时候,他比我现在和这位医学院学生做分析时要年轻。他对自己在代际传承中的位置的接纳,对于此刻的我具有极大的价值,这让我认识到,它帮助我在和这位医学院学生的分析中,不仅是去接受,并且以某种方式去拥抱我作为"老家伙"的位置。

作为孩子的父母,尽管我们奋力维护自己作为父母的权威,但我们也允许我们的孩子杀死我们,以免我们"削弱他们"(p.395)。在俄狄浦斯神话中,伊俄斯和伊俄卡斯忒被德尔菲的先知告知,他们的儿子命中注定会杀死自己的父亲。如果用今天的语言来表述这个可怕的预言,就相当于是说,医院对每一对进入产房的夫妻说,他们即将出生的孩子有一天会杀死他们。拉伊俄斯和伊俄卡斯忒试图杀死自己的孩子,来避免这样的结果。但他们不能亲手杀死他。于是他们把俄狄浦斯交给一位牧羊人,让他把这个婴儿扔在森林里等死。这样做对拉伊俄斯和伊俄卡斯忒来说,等于是潜意识地参与了对他们自己的谋杀。他们创造了一个机会,不仅让他们的孩子活了下来,而且还能够长大成人,杀死他们。[1]

伊拉俄斯和伊俄卡斯忒面临的这个两难困境,不仅是所有的父母都需要面对的,也是每个分析师在开始对新患者进行分析时需要面对的。

1　从某种意义上说,俄狄浦斯情结是这样一个过程:孩子在(父母的配合下)杀死自己父母的过程中,创造出自己的祖先(参见Borges,1962)。

在开始一段分析时,我们作为分析师会启动一个过程,这个过程如果进展顺利的话,患者将会促成我们的死亡。为了确保进展顺利,我们必须允许自己被患者杀死,以免"削弱他们"(p.395),例如,把他们看得不那么成熟,在不必要时给予指导,采用他们不需要的支持性语气,给出破坏病人进行富于反思和洞察的思考的能力的解释,等等。不削弱自己的孩子(以及自己的患者),并不是被动地承认衰老和死亡,而是主动地以一种爱的姿态,一次次地让出自己在当前这代的位置,带着悲伤与自豪在成为祖先的过程中去接受自己新的位置。抗拒接受自己的位置是成为过去一代中的一员,并不能阻止代际传承,但却会在子辈和孙辈的生活中留下一种缺失感,那种他们的祖先本可以以很有价值的方式存在的缺失感(Boyer,1999,私人交流)(罗伊沃尔德曾对他的同事布莱斯·波尔说,如果不是成为祖父,他是没办法写出这篇文章的)。

父母可能会试图保护自己免于让位给下一代,表现得就好像代际差异不存在似的。例如,父母不关上卧室和浴室的门;将色情图片当作"艺术品"来展示;或者在家里不穿衣服,声称"人的身体没什么值得羞耻的",这些都是在暗示性地宣称代际差异是不存在的——孩子和成人是一样的。在这种处境下的孩子将缺乏真实的父母客体可以让他们去杀死,并且只有一个倒错版本的父母权威可供其占有。这将会让他成为一个冻结在时光里的发育不良的孩子。

在讨论了孩子对父母爱的谋杀在俄狄浦斯情结中的核心作用之后,罗伊沃尔德作了一个非同寻常的声明,令这篇文章和它的精神分析前辈(即前人的文章)区别开来:

直言不讳地讲,在我们作为孩子的角色中,我们通过真正地解放自己确实杀死了父母身上某些至关重要的东西——不是通过致命一击,也不是在所有方面,但确实促成了他们的死亡。而我们作为父母时,会经历同样的命运,除非我们削弱孩子的能力。

(p.395)

只用了这么一句话,他就彻底地重构了俄狄浦斯情结。弗洛伊德(Freud,1909,1910)对俄狄浦斯情结做出了很好的理论建构,他认为俄狄浦斯情结不只是一个心理事件,还是存在于孩子及其父母之间的一组鲜活的客体关系。但罗伊沃尔德没有止步于此。他认为,在俄狄浦斯客体关系中上演的对父母的谋杀幻想,的确促成了父母的死亡,并且也是他们死亡过程的一部分。我们会想要"稀释"罗伊沃尔德的"直言不讳",说"他们的死亡"只是个隐喻,指的是父母将自己的权威(以及作为孩子创造者的原创权)让渡给孩子。但罗伊沃尔德所说的不止于此,他坚持认为,孩子和他们的父母在生命中经历俄狄浦斯情结,是人类在其中成长、老去并死亡的情感历程(和身体历程密不可分)的一部分。

父母和孩子之间就自主性和权威所进行的角力,从青少年时期开始变得极为显著,但它在儿童早期也同样重要。这不仅体现在孩子会爱上父母中的一位,而对另一位产生强烈的嫉妒和竞争之心,而且体现在孩子的"顽固的任性"中。以"可怕的两岁"为例,这个阶段常常会发生的事情是父母和他们刚刚会走路的孩子陷入一场搏斗,因为孩子会不屈不挠地坚持自己的独立性。两岁孩子的父母常常将孩子"顽固的任性"体验为,背叛了他们之间的一种无言的"约定",即这个孩子将会"永远"是个完全依赖的、被宠爱和仰慕父母的婴儿。孩子打破这个"约定"意味着对父母愿望的攻击,父母希望自己的孩子永远是个婴儿,永远的意思是不受时间流逝的影响,没有衰老、死亡和代际延续。("顽固"的学步儿与父母的关系在一定程度上是三角关系,其程度取决于孩子多大程度在心理上将父母分裂为好父母和坏父母。)

对俄狄浦斯父母的蜕变内化

因此,无论是从父母还是从孩子的视角来看,弑亲都是孩子长大成人、获得作为成人的属于自己的权威的必经之路。基于这样的理论构想,弗洛伊德和罗伊沃尔德都认为,俄狄浦斯式的弑亲是"作为个体心理结构顶点的超我"(Loewald,1979,p.404)组织成形的基础。在我这里引用的这个短语中以及在罗伊沃尔德文章中的其他地方,对超我这个术语的使用体现了心理结构模型的残迹,而这个模型恰恰是罗伊沃尔德试图进行改造的。因此,罗伊沃尔德用这个词是令人困惑的。在阅读他这篇文章的过程中,我觉得,把超我这个词"翻译成"与罗伊沃尔德发展出来的理念更为一致的术语,会有助于我更清晰地思考。我想用自体的一部分(源自对父母权威的占有)——这部分对于自己是什么样的人、会怎样行事持续地进行着评估,并为此承担责任——这样的概念来取代超我这个术语。

超我形成涉及对俄狄浦斯父母的"内化"（Loewald，1979，p.390）或"认同"（p.391）。弗洛伊德（Freud，1921，1923，1924，1925）也多次使用认同、内摄和吞并这些术语来描述超我形成的过程。这个过程带出了我认为是罗伊沃尔德就俄狄浦斯情结所提出的最重要也最难以回答的问题：俄狄浦斯客体关系在超我形成过程中被内化，这个说法是什么意思？罗伊沃尔德用了一段非常凝缩的话回答了这个问题，留下了许多未言明或仅做了暗示的部分。我将在此详细解读这段话，并提出我基于罗伊沃尔德的表述而得出的推论：

> 超我的形成，作为对俄狄浦斯客体关系的……内化，记载了弑亲事件，同时也是对它的救赎和蜕变：之所以说是救赎，是因为超我弥补了俄狄浦斯客体关系，并将其复原；而之所以说是蜕变，是因为在这个复原过程中，俄狄浦斯客体关系被转化为内部的、心理结构层面的关系。
>
> （p.389）

让我以自己的话来复述这段话的第一句：之所以说超我形成"记载"了弑亲事件，是因为超我形成是对于杀死父母这件事的活生生的证据。超我体现了孩子成功地占有父母权威，并将其转化为孩子自主和承担责任的能力。作为心理结构的超我监管着自我，并在这个意义上为自我/"大写的我（the I）"承担责任。

超我形成的这个过程，不仅因其改变了孩子的心理结构从而构成了对弑亲事件的一个内部记录，它还构成了对杀死父母的一种"救赎"

(p.389)。我是这样理解的,超我的形成代表了一种对弑亲的救赎,是因为,在孩子(在心理上)杀死父母的那一刻,他也赋予了父母一种不朽的存在形式。换句话说,孩子通过将关于自己父母(不过是一种"经过转化的"版本的父母)的体验并入那个对于他作为个体是什么样的人起决定作用的结构中,确保了父母拥有一个位置,一种影响力,不仅影响自己的孩子怎样生活,还影响到孩子的孩子怎样生活,以及不断延续的后代的生活。我在这里用孩子这个词,既是字面意义上的,也是隐喻的。在超我形成过程中所发生的心理结构的变化,不仅影响到长大成人后的孩子与他自己的孩子们的关系,还影响到这个孩子在自己一生中创造的一切——例如,他参与的友谊和其他爱的关系的品质,以及他给自己的工作带来的思想和创造力。他的这些创造物(字面上的和隐喻意义上的他的孩子们)改变了他们各自接触到的一切,后者又进一步改变了后者各自接触到的一切。

之所以说对父母(以一种经过转化的形式)的"内化"构成了对弑亲的救赎,是因为这种内化促使孩子变得与父母相像。但从另一个角度看,在这种对父母的"转化"中蕴含了一种更为深刻的救赎。在内化过程中,父母在多大程度上被转化,就在多大程度上促成了一个有能力变得不像父母——也就是说能够在某些方面超越父母——的孩子被创造出来。对于杀死父母的救赎,还有什么能比这更深刻的呢?

罗伊沃尔德在这段话中继续说,超我形成是对弑亲的救赎。"之所以说是救赎,是因为超我弥补了俄狄浦斯客体关系,并将其复原。"这些词句是经过精心选择的。复原这个词的词源是拉丁词汇,意思是再建立。超我的形成恢复了父母作为父母的权威——但不再是他们原先作为父母所拥有的那种权威。现在,他们作为父母所面对的,是日益变得更有能力作为自主的人为自己负责的孩子。那个被"复原"(再建立)的父母,是之前不存在(或者,更准确地说,仅仅以一种潜在可能性存在)的父母。

在我们正在讨论的这段话中,罗伊沃尔德提出,超我形成作为对俄狄浦斯情结的解决方案的一部分,不仅意味着对弑亲的救赎和对父母的复原,还是一种"蜕变,之所以说是蜕变,是因为在这个复原过程中,俄狄浦斯客体关系被转化为内部的、心理结构层面的关系"(p.389)。我认为,蜕变这个隐喻,对于理解罗伊沃尔德的理论构想中所说的父母以一种"经过转化"的形式被内化是什么意思,是至关重要的。(鉴于在罗伊沃尔德的这篇文章中,通篇只用了这一次蜕变这个词,他可能并没有充分地意识到自己采用这个隐喻的内涵。)在一个完全蜕变的过程中(以蝴蝶的生命周期为例),毛毛虫(幼虫)的机体组织在茧内被粉碎了。被粉碎的幼虫的机体组织中的一小簇细胞丛构成了一个新的细胞组织的雏形,从这里,成年有机体的结构发展出来(包括翅膀、眼睛、舌头、触须、躯体节段等)。

在这里,同时存在着连续性(毛毛虫和蝴蝶的DNA是相同的)和非连续性(毛毛虫和蝴蝶的外部和内部结构,无论是在生理上还是形态上都有着巨大的差异)。超我形成(对俄狄浦斯客体关系的内化)也同样涉及连续性和剧变这二者的同时存在。(孩子体验中的)父母的被内化程度,不会多过在蝴蝶翅膀中蕴含的毛毛虫的成分。孩子对俄狄浦斯客体关系的"内化",涉及对他关于父母体验的一种深刻的转化(类似于毛毛虫躯体结构的粉碎),然后这些体验才会被孩子以形成更成熟的心理结构的方式(超我形成)复原。[1]换句话说,孩子对俄狄浦斯客体关系的"内化"(并形成了超我)的源头是父母的"DNA"——也就是父母的潜意识心理构造(而这又"记录"了父母与他们的父母之间的俄狄浦斯客体关系)。但与此同时,尽管俄狄浦斯体验具有这种强有力的代际连续性,如果孩子(在父母的帮助下)能够杀死自己的俄狄浦斯父母,他就创造出一个心理空间,从而使自己能够进入与"新的"(p.390)(非乱伦性的)客体之间的力比多关系。这些新的关系具有自己的生命,超越了孩子与自己的俄狄浦斯父母之间的爱和攻击的关系。以这种方式,孩子与自己的父母以及他人之间全新的(非乱伦性的)关系成为可能。(这些新的客体关系会沾染来自对俄狄浦斯父母的移情的色彩,但不会被这种移情所主导。)

我想用一句话——这句话如果曾经被人讲出来,那么最可能讲的人就是罗伊沃尔德——将超我形成(建立自主的能够为自己负责的自体)过程中涉及的转化的所有要素放在一起:"自主状态的自体是救赎的结构,也是和解的结构,因此是一种至高的成就(p.394)。"

1　下面这段话引自Karp and Berrill(1981)的经典著作《发展》,表述了蜕变这个隐喻的恰当性:

做茧完成,标志着一系列新的并且也是更重要的后续事件的开始。在做茧完成后的第三天,死亡与毁灭的巨浪席卷了毛毛虫的内部组织。这个特定的幼虫组织粉碎了。但与此同时,某些原本藏匿在机体中某处的多少是离散的细胞丛,现在开始快速生长,用死去的或是垂死的幼虫组织粉碎后的产物来滋养自己。这些就是成虫盘。……它们急剧增长并以一种新的方式来形成有机体。新的生物机体从这些成虫盘中产生了。

过渡性的乱伦客体关系

接下来，文章又一次开篇，罗伊沃尔德开始讨论俄狄浦斯情结中的乱伦部分。在我看来，论文的这部分缺少了前文在讨论幻想中的（以及真实的）弑亲、罪疚、救赎和复原时所具有的力量。我认为这篇文章的核心——以及罗伊沃尔德的首要兴趣——在于俄狄浦斯情结对于孩子能够成为一个自主的、负责任的自体所起到的作用。乱伦愿望是这个故事中次要主题。

罗伊沃尔德提出了一个少有人问及（甚至可以说是有些令人吃惊）的问题，由此开启了对俄狄浦斯乱伦愿望的讨论："乱伦有什么错吗？"他的回答是："基于公认的道德准则，乱伦客体关系是罪恶的，因为它们干扰或破坏了神圣的联结……最初的一体，这种一体最显著的体现是由母亲和婴儿组成的二元统一体"（p.396）。乱伦涉及，分化后的力比多客体关系侵入了"原始的自恋性的统一体的'神圣的'纯洁……[这种神圣的纯洁]在时间上先于个体分化及其随之而来的罪疚和救赎"（p.396）。

换句话说，我们认为乱伦是罪恶的，是因为在乱伦发生时，分化后的个体对客体的性欲望所指向的那个人（以及那个身体），恰恰也是个体与之有过并且依然有着未分化的（我们认为是神圣的）联结的那同一个人。因此，罗伊沃尔德认为，乱伦让人感觉是错的，首先不是因为它表达了对父亲权威的挑战和对母亲的占有，也不是因为它否认了代际差异，而是因为它破坏了在融合的母婴关系（原始的同一性）以及与同一个人的分化的客体关系这两种关系之间的界限。乱伦让人觉得罪恶的，因为它打破了"[原始的] 同一性[1] [合一, at-one-ment1]与[分化的]客体贯注这二者之间的屏障"(p.397)。

原始同一性与客体贯注之间的屏障被打破事关重大,不仅因为个体发展中的性欲会被父母与孩子之间怎样处理乱伦愿望所塑形,而且,或许更重要的原因是,个体建立任何一种健康的客体关系的能力,即与他人建立富有创造力的既分离又合一的辩证关系的能力,有赖于这个屏障保持流动而又完整的状态。

弑亲显示了俄狄浦斯关系中的孩子想要成为自主的个体的努力;乱伦愿望和幻想则显示了这个孩子同时还有想要与母亲合一的需要。从这个角度来说,"乱伦的[俄狄浦斯]客体是一个处于中间状态的含义暧昧不明的实体,它既不是一个完全意义上的力比多客体[分化的客体],也不是一个完全的同一体[未分化的客体]"(p.397)。罗伊沃尔德在使用乱伦客体和乱伦客体关系这些术语时,他并不是指真实发生的乱伦,而是指乱伦幻想占主导地位的那些内部和外部客体关系。乱伦俄狄浦斯关系作为俄狄浦斯情结的一部分会持续存在,并介入想要自主和承担责任的渴望与健康的趋向一体化的拉力(例如,作为坠入情网、共情、性欲、关照、"原初母性贯注"等情形中的一部分)这两种力量之间,维持一种张力(Winnicott, 1956, p.300)。

超我和过渡性的乱伦客体关系这二者以互补的方式各自继承了俄

1　at-one-ment,拆开词根分开写是合一的意思,连在一起 atonement 是救赎的意思。作者意指救赎从词源学上可以理解为恢复合一的状态——译者注

狄浦斯情结，也以各自的方式介入孩子对父母的爱，以及希望离开父母解放自己并建立新的客体关系这两种愿望之间，维持某种张力。但这二者之间有着重要的差异。奠定了超我形成基础的救赎（合一）涉及孩子对自己与父母的客体关系的蜕变内化，这里的父母是同时作为合一的以及分离的客体而涉入两种不同性质的客体关系，而在（过渡性的）乱伦客体关系中涉及的合一，则意味着与父母的融合（原始认同）。

通过将俄狄浦斯乱伦客体关系理解为介于未分化与分化的两种客体关系之间，罗伊沃尔德不仅扩展了对前俄狄浦斯期发展的精神分析理论构想，他还暗示了一些别的东西。俄狄浦斯情结不只是一组构成人格的"神经症内核"（p.400）的分化的客体关系，它还"在其核心……包含了"（p.399）一组更为古老的构成人格的"精神病性内核"（p.400）的客体关系。正是从这些古老的客体关系之中，健康的分离–个体化的雏形出现了。

因此，俄狄浦斯情结是情感的熔炉，个体终其一生，在日益成熟的水平上，早先形成的俄狄浦斯构造将被一再地修通和反复再组织，由此锻造了个体的整体人格（参见 Ogden，1987）。罗伊沃尔德并没有强调自己观点的原创性，而是说，弗洛伊德"在很早以前就承认，[在俄狄浦斯情结的中心，包含未分化的客体关系]"（Loewald，1979，p.399），俄狄浦斯情结中的这部分"比弗洛伊德自己意识到的还要[重要]"（p.399）。俄狄浦斯情结的这个更为原始的部分并不会被超越，而是会作为"更成熟心智中的一个深度的层面"（p.402）而存在。

在结束这部分的讨论之前，我想重新回到一个尚未得到解答的问题。在他文章的开头，罗伊沃尔德（与弗洛伊德一样）坚持认为，在健康的发展中,俄狄浦斯情结将会被"拆毁"。但是,随着文章的进行,他修改了这个观点：

　　概括地说,随着这个结构[自主的自体]日益形成,作为一组客体关系或者这些客体关系在幻想中的表征的俄狄浦斯情结将被摧毁。但是,用莎士比亚作品暴风雨中阿里尔[Ariel]的话来说,没有什么消失了,"但确实发生了巨变,变成了某种丰富而陌生的东西"。

（p.394）

　　换句话说,俄狄浦斯情结并未被摧毁,而是持续处在被转化为"某种丰富而陌生的东西"的过程中——也就是说,它汇入了持续演化的、永远作为问题而存在的人类处境的许多方面,正是这些处境构成了"令人烦恼但却值得过的丰富的生活"(p.400)。读者或许会感到奇怪,为何罗伊沃尔德在一开始没有这么说,而是引用了"经验是可以被摧毁的"这种显然站不住脚的观点。我相信罗伊沃尔德之所以在开头时使用更为绝对而戏剧性的语言,是因为他希望读者不要忽略这样一个真相：一个人能在多大程度上在心理上杀死自己的父母并为这个弑亲行为赎罪,从而促使他形成自主的自体,他就在多大程度上能够从俄狄浦斯情结的情感禁锢中获得解放。俄狄浦斯情结被摧毁的程度,取决于在多大程度上,一个人与自己父母之间俄狄浦斯性质的关系不再构成他意识和潜意识的情感世界,因而他不必作为永远长不大的依赖的孩子而活着。
　　这篇文章的结尾也像开头一样,对文章的写作本身作了评论,而不是在谈文章的主题：

我意识到,我在本文中好几次转换了视角,这可能会给读者带来困惑。我希望,我试图以这种方式来构建的图景不至于因为我的写作手法而变得太过模糊不清。

（p.404）

在我看来,转换视角这个说法,描述了一种处于持续改变过程中的写作和思考风格,以及一种对于文中呈现的观点同时保有开放地接纳和批判地质疑的阅读风格。鉴于这篇文章的写作目的是提出,一代人怎样才能在给下一代人留下印记的同时,又促进他们行使自己的权利和责任,成为自己观点的作者,找到表达自己的方式,因而对这样一篇文章,还有比这更合适的结尾方式吗?

罗伊沃尔德与弗洛伊德

作为本章的结尾,我想要概述一下罗伊沃尔德与弗洛伊德对俄狄浦斯情结的理论构想的差异。罗伊沃尔德认为,俄狄浦斯情结首先不是被孩子的性欲和攻击冲动所驱使的(这是弗洛伊德的观点),而是被"想要获得解放的冲动",想要成为自主的个体的需要所驱使的。以女孩为例,她最根本的驱力并不是要在父母的床上取代母亲的位置,而是想要将父母的权威据为己有。孩子为了救赎幻想中的(以及真实发生的)弑亲,会将俄狄浦斯父母蜕变内化,这将引发自体的改变(形成一个新的心理机构,即超我)。"为自己负责……是作为一个内部机构的超我的核心"(Loewald,1979,p.392)。因此,孩子以一种最有意义的方式来回报父母——通过建立自体感,为自己负责,有能力超越父母成为一个独特的人。

俄狄浦斯情结中的乱伦成分会促进自体的成熟,因为它作为一种含义暧昧不明的过渡性的客体关系形式,在成熟客体关系中所同时具有的分化和未分化的两个维度之间维持一种张力。俄狄浦斯情结的终结,不是出于由阉割威胁所致的恐惧而驱动的应对,而是出于孩子想要为弑亲救赎,并恢复父母作为父母的(经过转化的)权威的需要。

我不认为罗伊沃尔德版本的俄狄浦斯情结是对弗洛伊德版本的升华。我的看法是,这两个版本呈现了对同一个现象的来自不同视角的观点。这两种观点对于在当代精神分析中我们如何理解俄狄浦斯情结都是不可或缺的。

第八章　阅读哈罗德·西尔斯

　　在我看来,哈罗德·西尔斯有种无与伦比的能力,善于用语言来传达:他如何就分析关系中正在发生的事情令自己所产生的情感反应作出观察,以及他如何使用这些观察来理解和解释移情-反移情。我将在本文中对西尔斯的两篇文章《反移情中的俄狄浦斯爱》(1959)和《潜意识认同》(1990)的部分段落进行精读,我将不仅描述西尔斯思想的内容,还将描述我认为的西尔斯在分析情境下的思考和工作方式的精髓。西尔斯认为,对于在分析中特定时刻正在发生的事情保持敞开接纳,意味着分析师对来自患者的潜意识沟通保持异常的敏锐。这种对患者潜意识沟通的敞开接纳要求分析师也能开放自身的潜意识体验。西尔斯分析性地使用自己的方式,很多时候模糊了自己的意识和潜意识体验之间的区别,以及自己的和患者的潜意识体验之间的区别。因此,当西尔斯就自己所理解的在他和患者之间发生了什么而对患者(也对读者)进行沟通时,常常令读者大吃一惊,但又几乎总是能够让患者(以及读者)加以利用来做意识与潜意识的心理工作。

　　在对《反移情中的俄狄浦斯爱》一文的讨论中,我将重点关注,西尔斯是如何从不折不扣的精准临床观察中产生原创性的临床理论的(在这篇文章里,是对俄狄浦斯情结的理论重构)。当我用"临床理论"这个词时,我指的是,对发生在临床情境中的现象提出贴近体验的理解方式(以想法、感受或行为等方式来表述)。

例如,作为一种临床理论,移情理论认为,患者对分析师的某些感受,源自患者早先(通常是童年期)在真实的和想象的客体关系中体验到的感受,而患者对此却不自知。相比之下,涉及更高抽象水平的精神分析理论(例如,弗洛伊德的拓扑地形模型、克莱因内部客体世界的概念,以及比昂的α功能理论)则提出了关于空间的或其他类型的隐喻,来思考心智运作的方式。

而在对《潜意识认同》的阅读中,我提出,西尔斯有一种独特的进行分析性思考和工作的方式,或许我们可以把这种方式看作一个"将内部体验外化"的过程。我这样说的意思是,西尔斯将原本作为情感背景的、不可见但能感觉到的某种存在,转化为一种心理内容,从而让患者可以就此进行思考和言说。西尔斯把患者内在和外在世界中的某种可怕的、无名的、完全视为理所当然的状态转化为一个言语象征化的情感困境,从而使得分析双方有可能对此进行思考和对话。

最后,我将讨论我看到的西尔斯与比昂作品的互补性。我发现,阅读西尔斯的作品为阅读比昂的作品提供了生动的临床背景,而阅读比昂的作品则为阅读西尔斯的作品提供了有价值的理论背景。我将特别关注西尔斯的临床工作与比昂的一些概念之间(在读者内心产生的)彼此丰富对方的"对话",这些比昂的概念包括:容器–所容物,人类追求真相的基本需求,以及对意识和潜意识体验二者之间的关系的理论重构。

反移情中的俄狄浦斯爱

在《反移情中的俄狄浦斯爱》这篇文章的开篇,西尔斯对有关反移情中的爱这个主题的精神分析文献提供了详尽的回顾。当时关于这个主题的共识,托尔(Tower,1956,西尔斯于1959年引用,p.285)有如下简明扼要的表述:"几乎所有谈论反移情这个主题的作者……都毫不含糊地声明,分析师对患者任何形式的色情性反应都是不可接受的……"在这样一种情绪的隐约威胁的背景下,西尔斯呈报了发生在一段为期4年的(在他职业生涯早期进行的)分析后期的一次分析体验。他告诉我们,起初,患者的女性气质"很大程度地被压抑了"(1959,p.290)。在分析的最后一年,西尔斯发现自己"有了……与她结婚的强烈愿望,以及做她丈夫的幻想"(p.290)。1959年,坦率地承认有这样想法和感受是史无前例的,即便在今天的分析文献中这也是罕见的。结婚——这样一个日常的词——由于它意味着相爱并希望与所爱的人组建家庭朝夕相处的愿望,而具有不可思议的力量。在我看来,很显然西尔斯描述的性幻想中不包括与患者在想象中性交(或其他任何外显的性行为)。我相信,西尔斯这样的幻想反映了俄狄浦斯期孩童所拥有的那种意识和潜意识的幻想。虽然作者把在分析体验和童年体验之间建立平行关系的连接的工作大部分都留给了读者去完成,但在我看来,西尔斯在这里暗示,对于俄狄浦斯期的小男孩来说,与母亲"结婚"和成为她"丈夫"的想法是神秘的、暧昧不明的,也是令人兴奋的。与母亲/患者结婚,主要不是把她当作性伴侣,而更多的是把她融入自己的整个生命中,把她当作最好的朋友以及非常漂亮而性感的"妻子"，深爱着她同时也感觉被她深爱着。西尔斯在文中并没有明确地说，在多大程度上这些感受和幻想对他（或者在更普遍的意义上，对俄狄浦斯期的孩童）来说是有意识的，我相信这种不明确完全是有意为之的，反映出西尔斯（以及俄狄浦斯期的孩童）处于俄狄浦斯爱的控制之下时的情感状态的某种品质。

在这第一个临床案例中，西尔斯描述了他对于自己对患者的爱感到的焦虑、内疚和尴尬。当患者表达对即将来临的分析结束感到悲伤时，西尔斯对她说：

> 我感觉……就像电影《儿女一箩筐》中，当吉尔布雷恩夫妇的12个孩子中最小的一个也度过了婴儿期时，吉尔布雷恩太太对她丈夫说的，"16年来头一次不用在凌晨两点醒来喂奶，一定会感觉很奇怪。"
>
> （p.290）

患者看起来"很震惊，喃喃地说，她觉得自己早就已经过了那个年龄阶段了"（p.290）。西尔斯在事后回顾中开始理解，自己强调患者的婴儿化需求是由于体验到自己对患者作为"一个永远不可能属于我的成年女性"的爱的情感，他对此感到焦虑，想要逃开（p.290）。西尔斯害怕对他自己以及（间接地）对患者承认自己的俄狄浦斯爱（而不是父母对自己宝宝的爱），主要是因为他害怕，公开承认这样的感受会引发来自外在的和他内心的精神分析前辈的攻击：

> 我接受的培训让我倾向于质疑任何分析师对患者的强烈情感，而这

些特定的情感[想要和患者结婚的浪漫的和情欲的愿望]似乎尤其有违伦常。

（p.285）

　　尽管西尔斯在这里仅仅是部分成功地管理了分析情境中的俄狄浦斯爱,他已经能够就自己对患者的俄狄浦斯爱的体验隐含地提出一个重要的问题:什么是反移情的爱,什么又是"非反移情的"爱呢? 前者比后者更为不真实吗? 如果是这样,体现在哪方面呢? 这些问题在那个时刻尚待解决。

　　随着时间的推移,西尔斯持续地在自己的分析工作中体验到移情-反移情中的俄狄浦斯爱,他说,

　　我渐渐对于在自己身上发现这样的反应变得没那么不安,也不那么拘泥于要在患者面前隐藏这些感受,而且我越来越相信,它们的存在预示着我们关系的结局是良性的而不是病态的,并且当患者感觉到自己能引发分析师这样的反应时,会极大地增强自尊。我逐渐开始相信在以下两方面之间存在一种直接的相关性,一方面是分析师体验到自己对患者的这些情感以及这些情感的不可实现性的情感强度,另一方面则是患者在分析中获得成熟的深度。

　　这段文字展示了西尔斯作品中轻描淡写的力量。他没有直接点明这篇文章的主旨:为了成功地分析俄狄浦斯情结,分析师必须爱上患者,而同时又要认识到自己的愿望永远都不会实现。并且,延伸开来说,儿

童要成功地度过俄狄浦斯体验,需要俄狄浦斯关系中的父母深深地爱上俄狄浦斯关系中的孩子,同时又充分意识到这种爱永远只能停留在感受层面。(在上面引用的段落中,西尔斯基于对移情–反移情的临床描述自然而然地引出了临床理论。)

西尔斯呈报的第一个临床案例暗示了在健康的俄狄浦斯爱中蕴含的一个核心悖论:无论在童年期还是在移情–反移情中,想要的结婚,应该被看作既是真实的又是幻想中的。这里一方面存在着相信结婚是可能的这样一种信念,而同时又认识到(通过父母/分析师坚持自己作为父母/分析师的角色来确保),这是永远不会实现的。本着类似于温尼科特(Winnicott,1951)在"过渡性客体"关系的理论构想中所采取的那种立场,"分析师真的想和患者结婚吗?"这样一个问题是我们永远不会去问的。患者和分析师之间的俄狄浦斯爱涉及一种介乎于现实和幻想之间的心理状态(参见 Gabbard,1996,他对移情–反移情中的爱这一概念有详尽考察和阐述)。

在这篇文章中西尔斯提供的其他临床案例都来自与慢性精神分裂症患者的工作。基于在切斯特纳特进行的大量心理治疗工作的经验,西尔斯相信,对精神分裂症患者(以及其他患有起源于婴幼儿期的心理疾病的人)的分析为我们提供了一种格外富有成效的方式来了解人类共有体验的本质。西尔斯认为,与这类患者进行的分析,如果成功的话,会产生一种分析关系,在其中,发展上最成熟的面向(包括俄狄浦斯情结的解决)会在移情和反移情中同时被体验到并被言语化,并且其清晰与强烈程度,是在与更健康的患者的工作中罕见的。

在谈论与一位精神分裂症女患者的分析时,西尔斯承认,在分析后期,当他发现自己强烈地希望与这样一位"可能被身边的人认为……病得很重,而且完全缺乏吸引力"(p.292)的女性结婚时,他感到惶惶不安。但是,西尔斯恰恰要求自己具有这样的能力,能把患者看作一个美丽的、非常令人渴望的女人。他发现直面自己对这个精神分裂症患者的浪漫情怀(同时在心中清醒地记得自己是她的治疗师)有助于解决这样一种反复出现的刻板僵化的情境——患者沉溺于对治疗师的乱伦愿望和诉求,以至于限制了双方对患者困境的共同探索……当治疗师甚至不敢承认自己对此有反应时——更别说向患者表达这部分——这种状况将越发地陷入僵局,停滞不前(pp.292–293)。

西尔斯在这里暗示,治疗师"坦率地"(p.292)允许患者看到他/她在治疗师身上激起了想要与患者结婚的愿望,并不会加剧患者坚持不懈的"乱伦愿望";相反,治疗师承认"对患者的浪漫爱情"有助于"解决"这个僵局(反复出现的、坚持不懈的乱伦愿望),"解放"(p.292)患者和分析师进行分析工作的能力。虽然西尔斯并未讨论他这个发现的理论基础,但似乎治疗师表达对患者的爱所产生的治疗效果,并未被构想为一种矫正性的情感体验,而是满足了患者的一种发展需求,即识别出他是什么样的人(而不是满足他的色情性愿望)。后者会导致性兴奋的增强,而前者则会促进心理成熟,包括对一个体验到爱与被爱的自体的整固。西尔斯暗示性地(并且仅仅是暗示性地)假定,人类具有爱与被爱,并且被承认作为一个独立的个体自己的爱是有价值的这样的需要。

然后,西尔斯讨论了对一位"敏感、高智商、相貌英俊"(p.294)的男性偏执型精神分裂症患者的分析中出现的一种复杂情境,这种情境在这段分析进行到大约18个月时达到了顶点。通过这段案例讨论,西尔斯进一步探索了分析师体验到对患者的俄狄浦斯爱这件事在分析中所起的作用。西尔斯逐渐开始为自己对这个患者产生强烈的浪漫情感而感到不安。他说在一次分析会谈中他开始感到惊慌：

　　当时我们静静地坐着，不远处收音机里正在播放一首温柔浪漫的歌，我意识到这个男人对我来说比世上其他任何人都要珍贵，连我妻子也比不上。几个月后，我成功地找到了无法持续对他进行治疗的"现实"原因，而他也搬到了很远的地方。[1]

（p.294）

　　西尔斯假设自己已经能够容忍患者对他的讽刺和嘲笑，这种讽刺和嘲笑来自患者在移情中重复了他感觉被母亲恨着并且反过来也恨母亲的体验。而让西尔斯无法"勇敢"面对的，是移情–反移情中的爱，它源自"隐藏在[患者与母亲之间的]相互拒绝的屏障后面泛滥的"（p.295）爱。尤其是因为他对一个男人产生了浪漫的爱，这在他职业生涯早期，让他感到极其害怕，以至于他无法继续与这位患者工作。

1　为了便于读者理解下文对这段文字的词汇和语音的解析，全文保留这段英文原文：while we were sitting in silence and a radio not far away was playing a tenderly romantic song, when I realized that this man was dearer to me than anyone else in the world, including my wife. Within a few months I succeeded in finding "reality" reasons why I would not be able to continue indefinitely with his therapy, and he moved to a distant part of the coun - try.——译者注

西尔斯对"他与患者一同坐着,此时收音机里传来温柔的情歌"的这段描述总是会深深地激起我的感受。西尔斯没有简单地告诉读者发生了什么,而是让读者通过阅读体验感受到发生了什么:音乐的温柔质感是通过词语的发音营造出来的。在(前文引用的)描述这种体验的句子中,"当我们"(while we were,三个单音节词重复着轻柔的"w"音)之后是"静静地坐着"(sitting in silence,两个双音节词都以轻柔、感性的"s"音开头)。接着这个句子又用"away"、"was"和"when"这些词让"while we were"中轻柔的"w"音持续回响,并在结尾处用"包括我妻子"(including my wife)这三个附加的词,像手榴弹一样炸开。这个结尾部分的核心词"妻子(wife)"同样用轻柔的"w"音,传递了这样的一种感觉:这个词已经完全被遮蔽了,躺在那里静待前面所有的那些文字。前面的主句轻柔的发音在读者的阅读体验中营造了西尔斯与患者相互之间感受到的爱的宁静,而紧随其后的想法,"包括我妻子"(including my wife),强有力地刺穿了这种梦幻般的平静。

西尔斯用这种方式为读者在阅读体验中营造出了,他在分析中的那个时刻所感受到的那种突然而又出乎意料的惊慌。像西尔斯一样,读者也对这种发展变化感到措手不及,并质疑西尔斯是否真的像他自己所说的那样:觉得患者对他来说比他妻子还珍贵?"包括我妻子"这个紧凑的短语传达了他对这个问题的答案是毫不含糊的:是的,他就是这么认为的。而这一点是如此地令西尔斯害怕,致使他过早地突然结束了治疗。我相信,正是这样的描述在读者那里唤起的惊慌失措感在很大程度上导致了,西尔斯在呈报他的工作时会在读者心中唤起强烈愤怒的坏名声。西尔斯拒绝对体验进行修饰。阅读他作品的体验不是感觉逐渐达成理解,而是感觉被粗暴地唤醒,去面对关于分析师对患者的体验的令人不安的真相。西尔斯认为,患者和分析师持续地体验到自己被"唤醒"构成了分析体验的一个至关重要的部分。当治疗师不能对治疗中发生了什么保持清醒,治疗室内的见诸行动(acting in)和治疗室外的见诸行动(acting out)(无论是在患者方面还是在治疗师方面)就很可能会发生。在这里,西尔斯对自己临床工作的描述也隐含了这部分临床理论。

在讨论另一段(发生在上述临床体验的几年之后的)涉及对男患者的俄狄浦斯爱的分析体验时,西尔斯讲到自己对一位偏执型精神分裂症的重症男患者体验到一种温柔的爱和残忍的恨相混合的感受:

……那是在我们分析的第三年和第四年,他说我们结婚了……有一次,我开车去和他进行分析会谈时顺便载了他一程,我对于当时自己体验到的全然愉悦的幻想和感受感觉很奇妙,就好像我们是刚刚踏入婚姻的爱侣,整个美妙的世界在我们面前展开;我憧憬着去……一起挑选家具……

(p.295)

最后这个"去……一起挑选家具"的细节深切地传达了一种兴奋感,不是性唤起的那种兴奋,而是在梦想和计划着与爱人共同的生活。在俄狄浦斯爱中,这些存在于孩子与父母双方,以及患者与分析师双方内心的梦想,是无法与眼前这个爱的客体一起去实现的:"我内心充满了一种心痛的认识——我对这个已经持续住院14年的男人的愿望是如此彻底而悲剧性地不可实现"(p.296)。在这第二个对男性的俄狄浦斯爱的案例中，西尔斯为自己对患者的爱感到悲伤，而不是害怕。读到这里时，对于西尔斯用自己的车搭载一个令他体验到爱的感觉和结婚幻想的患者，我感到惊讶，而不是震惊；而西尔斯为这个患者再创造精神分析的能力，用西尔斯自己的话来说，令我感到"奇妙"(p.295)，而不是震惊或害怕。不仅西尔斯通过这期间的工作获得了情感上的成长，或许我作为读者也在阅读他作品的体验中成熟起来。

在西尔斯讲述自己作为父亲和丈夫的体验时，这篇文章逐渐走向了尾声。我将在这里整段引用他的文字，因为任何形式的复述或摘录都无法传达出，西尔斯通过精心挑选词句所营造的效果：

不仅是我与患者的工作，我作为丈夫和父母的体验也让我确信，我在这里所提出的这些概念的有效性。我女儿现在八岁了，从她两三岁时开始，和她时常对我表现出的罗曼蒂克的爱慕和引诱的行为相呼应，我对她体验到无数关于浪漫爱情的幻想和感受。当她无比自信地对我调情，而我感到被她的魅力迷住时，过去我有时会感到担心，但后来我开始确信，我们处在这种关系中的时刻只会滋养她正在发展中的人格，同时对我来说也是愉悦的。我想，如果一个小女孩对于与自己朝夕相处、如此了解她并且血肉相连的父亲，都不相信自己能够赢得他的心，那将来当她成长为年轻女人之后，怎么可能会对自己的女性魅力有深度的信心？

在我的印象中，我现年11岁的儿子的俄狄浦斯欲望同样也在我妻子那里找到了鲜活而全心全意的情感回应，我也同样确信，他们彼此之间的深爱和公开的相互吸引对我儿子是有益的,也滋养了我妻子。对我而言这是合乎情理的:一个女人越爱她丈夫,那她也同样会越爱那个少年,那个在很大程度上是她深爱并与之结婚的男人的年轻版本。

(p.296)

在这段文字中,西尔斯根据自己的体验直接得出结论:关于人们彼此之间的情感影响,他认为什么是"合乎情理"的。仅仅根据某人的体验来判断什么是"合乎情理"的——我想不出还有什么比这更好的方式,可以传达西尔斯的精神分析思想及其实践方法的本质核心。

这篇文章的整体行文,尤其是这一段,感觉就像是一组系列照片,一幅比一幅更精心制作,一幅比一幅更成功地捕捉到所要拍摄的主题的核心,那就是分析关系。在这段话中,对我来说最鲜活的句子和图像——经常在我做分析时出现在我内心的句子和图像——是西尔斯用来描述他女儿的那些句子和图像,她作为一个小孩子能够把她爸爸缠在她的小手指上:"如果一个小女孩……都不相信自己能够赢得父亲的心,那将来当她成长为年轻女人之后,怎么可能会对自己的女性魅力有深度的信心(p.296)?"但是,即便在西尔斯的女儿让他神魂颠倒时,他的妻子(在上文中曾处在他对一位患者的爱的影子里)也依然有她的位置,她与西尔斯对彼此的爱是他们对孩子的俄狄浦斯爱的根源。在写作和阅读这篇文章的体验中,有一个变化过程在发生:从对(俄狄浦斯式的)爱着的那个人的迷恋,到对父母之间的成人的爱的"复原",是俄狄浦斯体验的压舱石。

随着西尔斯文章的进行,读者越来越意识到弗洛伊德(明确的)和西尔斯(很大程度上是隐含的)对于俄狄浦斯情结的理论构想之间的差异。西尔斯指出,在弗洛伊德(Freud,1900)对俄狄浦斯情结最初的描述中(在《梦的解析》中),比起在他后来的其他作品中,弗洛伊德"更充分地承认了父母"对孩童的俄狄浦斯阶段的参与(Searles,1959,p.297):

> 父母的行为也证明了性别偏好的规律:我们通常看到的一种自然的偏好是,男人倾向于宠爱他的小女儿,而妻子偏袒儿子。
>
> (Freud,1900,pp.257–258;由Searles引用,1959,p.297)

在西尔斯勾勒的图景中,无论是对孩童还是对父母,俄狄浦斯爱都是一种生机勃勃的现象,在很大程度上构成人类生活的多姿多彩;而与之相比,(弗洛伊德的)这种关于父母对孩童的俄狄浦斯爱的陈述只是一个苍白的描绘。但这并不是西尔斯和弗洛伊德关于俄狄浦斯情结的理论构想的主要区别。弗洛伊德认为(Freud,1910,1921,1923,1924,1925),健康的俄狄浦斯情结是孩童与父母的三角关系,他对父母的一方怀有性欲和浪漫之爱,而对另一方则抱有嫉妒、强烈的竞争和谋杀欲望;孩童的恐惧和罪疚让他(在面对阉割威胁时)放弃对父母的性和爱的欲望;并在超我形成过程中内化威胁性和惩罚性的俄狄浦斯父母。

相比之下,西尔斯版本的俄狄浦斯情结则是,孩童体验到对一方父母的浪漫之爱和性爱(希望与之"结婚"并一起组建家庭共同生活的愿望),并且这些爱的体验在父母和孩童之间是相互呼应的。这里也存在与另一方父母的竞争和嫉妒,但比弗洛伊德构想中的孩童想要杀死父母的愿望要柔和得多。西尔斯版本的俄狄浦斯体验并不终止于孩童由于阉割威胁而感觉被击败,也不会长久地留下内疚感,不需要放弃或羞愧地隐藏对父母的性和爱的欲望。

西尔斯认为,健康的俄狄浦斯情结是一个关于爱与丧失的故事,父母坚定而又慈悲地承认自己作为父母和夫妻的身份,从而守护着父母-孩童之间的相互回馈的浪漫之爱。父母对自己身份的承认,有助于孩童(以及父母自身)接受这样一个现实:这种强烈的父母-孩童的爱的关系必须要放弃:

> 我认为,这种放弃[和孩童的俄狄浦斯爱的相互回馈性一样]也是孩童和父母对彼此体验到的东西,是出于对公认的更大的限制性现实的顺从,这种现实不仅包括由处于竞争位置的那一方父母持有的禁忌,还包括被孩童出于俄狄浦斯爱而渴望拥有的那一方父母对其配偶的爱——这份爱先于孩童的出生而存在,并且在某种意义上,正是因为这份爱才有了孩童的生命。

(p.302)

在这个版本的俄狄浦斯情结中,孩童感觉到自己的浪漫之爱和性爱被接纳、被重视和给予回馈,同时伴随着一种对自己必须生活在一个"更大的限制性现实"中的坚定的承认。这两个因素——爱和丧失——让孩童在心理上变得强健。第一个因素——相互回馈的俄狄浦斯爱——增强了孩童的自我价值感。而第二个因素——在俄狄浦斯的浪漫之爱终结时带来的丧失感——有助于孩童建立"公认的更大的限制性现实"感（p.302）。这种更大的限制性现实感意味着孩童更有能力承认和接受自己愿望的不可实现性。这一迈向成熟的步伐更多地有赖于孩童现实检验能力的成熟和区分内外现实的能力的建立，而非对一个严厉的、威胁性和惩罚性的父母形象的内化（也就是说超我形成）。西尔斯认为，俄狄浦斯情结的主要"产物"并非超我形成，而是获得一种自我感，觉得自己是一个能够去爱也被爱着的人，同时承认（伴随着一种丧失感）外部现实的约束。

　　我们可以从这段话中听到对前文提出的问题的部分回答，那个问题是："西尔斯是否认为反移情的爱比其他类型的爱更不真实？"答案显然是否定的。反移情中的爱与其他类型的爱的不同之处在于，分析师有责任识别出，他所体验到的对患者的爱以及患者对他的爱是分析关系的一部分，并利用他对这些感受的觉察来推进他与患者正在进行的治疗工作：

　　这些[对患者爱的]感受像所有其他感受一样进入他[分析师]内心，不会有任何标记注明它们从何而来；唯有当分析师较为开放地允许这些感受出现在他的意识中，他才有机会开始去发现……它们在与患者工作中的意义。

（pp.300-301）

　　这一见解，即感受"不带标记"地进入分析师的内心，对于西尔斯关于反移情中的俄狄浦斯爱的理论构想以及他对精神分析的整体构想，都是至关重要的。分析师的任务是，首先允许自己对于在分析经历的此时此地自己所感受到的一切,能够以充分的情感强度去体验。只有这样,他才有可能分析性地利用自己的情感状态。

潜意识认同

下面我将讨论西尔斯的另一篇文章《潜意识认同》(Searles,1990),这是一篇很重要但却鲜为人知的作品,收录在一本14位分析师的论文集中,在《反移情中的俄狄浦斯爱》出版30多年后出版。这篇文章展现了西尔斯临床思想的最高发展形态。毫无疑问,西尔斯这篇1990年的文章中的论述者和他1959年的文章(指《反移情中的俄狄浦斯爱》)中的论述者是同一个人,但这个论述者现在变得更加睿智,更加技巧娴熟,更加敏锐地意识到自己的局限性。在1990年的这篇文章中,西尔斯比在《反移情中的俄狄浦斯爱》一文中用到的精神分析理论甚至更少。就我的发现来说,在这篇文章中,西尔斯只用了两个分析理论:动力性潜意识概念和移情–反移情概念。西尔斯将理论的运用削减到极致所产生的效果是,为读者营造了类似于阅读高雅文学作品的体验:呈现一个情境,让人物身处其中,为自己说话。

西尔斯以一个隐喻开始了这篇文章:

在本章中我的主要目的是提供多种多样的临床片段,读者可以从中发现,在一种相对简单明显的意识之下或之后,潜意识认同的分叉是多么的枝繁叶茂；就像在海洋植物水面上可见的几片零星叶子之下，我们可以发现它们在水下的部分要繁茂得多。

（1990, p.211）

　　西尔斯在开篇的这个句子中提出了他的理念，即他是如何看待在分析关系中意识和潜意识体验之间的关系的。意识体验是"相对简单和明显的"，只要一个人自己去留意、去构建就可以获得，而潜意识体验位于意识体验"之下或之后"，与意识体验紧密相连，犹如海洋植物"繁茂"地在水下"分叉"的部分与"在水面上可见的几片零星叶子"紧密相连。在我看来，这个隐喻中暗含了这样一种理念：一个人不必是海洋生物学家，也可以注意到海洋植物的一些特性，他越能有精细的洞察力，就越能了解植物的生长方式以及它为何以这种方式生长。并且，一个拥有训练有素的观察力的人，也更有可能对他所观察到的东西感到好奇、困惑和惊叹。可是，西尔斯使用这个隐喻并没有表达出他的思考和工作方式中最重要的部分，我希望自己在对下面这篇文章的讨论过程中能够展示这一点。

　　西尔斯在文中列举的第一个临床案例，描述了他与一位年长女性的工作。这位患者已经多年没有收到女儿的来信了，在收到一封（当时40多岁的）女儿的来信后，患者不知道该怎么回复，就把信件带到了咨询室让西尔斯看。西尔斯想了想，说："我有个感觉，因为我不是你，我对于考虑该如何回复这封信感到不舒服"（p.214）。随后，西尔斯在文章中对读者解释道：

　　事实上,对我来说,这段互动中最令人印象深刻的部分是:在我伸出手接受这封信之前的一瞬间,我有种非常强烈的感觉——我不该读这封信,因为我不是收信人。鉴于她显然希望我读这封信,我对这种抑制的力量感到震惊。

　　当我说话时,一个想法浮现在我的脑海里,于是我说:"我想,是否你也有那样的感觉,觉得你也不是这封信的收信人?"对此,她以强烈肯定的方式做出了回应;她说,她过去的确做了她女儿在这封信里所说的那些事情,但那已经过去多年了,而这些年来她接受了大量的心理治疗。也就是说,她强烈地肯定了这一点,即对于我感受到的"我不是这封信的收信人",在她那里也有一个对应的感受,那就是她也强烈地感受到自己不是这封信的收信人。在这里,尽管这种感受极为压抑,她的肯定还是在一定程度上表达了出来,足以让我知道,她需要我做出这样的解释,来帮助她可以清晰地了解并表达这些感受。

(pp.214-215)

　　这里呈现的分析事件的关键点在于,西尔斯在伸出手去接这封信之前的一瞬间意识到,他对于读一封并非写给他的信感到不舒服。但是,在我看来,基于这种感觉/想法,西尔斯做了一些令人震惊的事情:他在内心把这种体验"由内部变成外部",从而揭示出某种对他自己、对患者,以及对作为读者的我来说感到真实的东西。(对于我使用的这个隐喻,将体验由内部变成外部,读者需要记住的很重要的一点是,就像在莫比乌斯环的表面上会发生的那样,在一个持续的过程中,内部不断地变成外部,而外部不断地变成内部。)西尔斯提取了自己的"内部"(感受),即感觉看一封并非给自己的信是不合适的——"内部"的意思是，这是他自己个人化的反应——然后将其变成"外部"。我用"外部"这个词的意思是指情境，也就是更大范围的情感现实，在这里他体验到自己与患者之间正在发生的事情，以及，进一步扩展来说，在这里患者体验到与她女儿的关系。恰恰是这种反转是在阅读西尔斯作品的体验中最令人惊讶，甚至时常令人大吃一惊的：发生了一种突然的转换，从西尔斯的内心活动（对于正在发生什么，他以异常敏锐的感知力所做出的情感反应），变成了不可见的外部心理情境，在这里患者正体验着自己。

　　这种反转不同于将潜意识意识化。西尔斯所做的远比潜意识意识化要精妙得多。在这个案例中，患者所体验到的"自己不再是她女儿想象中的那个人"，并不是一种压抑的潜意识想法和感受，而是患者身处其中的内部情感环境的一部分。这种患者尚未命名的自己的情感母体构成了关于她已经变成了什么样的人的真相的一部分。在他描述的这段互动中，西尔斯首先需要在自己内部进行一次转化，将"情境"变成"内容"：把他关于自己的感知（即他不是这封信的收件人）这个"不可见"的情境变成"可见的"、能思考的内容。西尔斯在把想法说出来的过程中，产生了一种感受/想法，即患者体验到自己不是这封信要写给的那个人："当时我在说话时，一个想法浮现在我的脑海里……"（p.214）。西尔斯不是在把自己的想法说出来，而是在对自己所说的话进行思考。也就是说，在这个说的过程中，内部逐渐变成外部，思考逐渐变成言说，无法思考的情境逐渐变成可以思考的内容，体验逐渐由内部变成外部。

　　关于西尔斯是怎样把自己的体验从内部变成外部的，下面我将再举

一个例子。在他这篇文章后面部分的临床讨论中,他叙述了一些他被患者问"你好吗"的情境,他说他经常感觉:

> 我是多么想毫无负担地告诉患者……关于我此刻感受的各种细节;但鉴于我们的真实处境,我知道这是多么不可能的事,因此大多数时候我都是带着苦涩,用戏谑的语气回应道"还不错",或只是点点头。
>
> (p.216)

最终,西尔斯每次都出乎意料地再次发现,患者当时的感受与西尔斯的感觉非常类似——也就是说,在当时的情境中,患者也觉得不可能告诉西尔斯自己(患者)感觉如何。这是因为"他 [指患者,觉得自己]是应该帮助我的人"(p.216),就像他在童年时期与父母的关系中体验到的那样。当西尔斯对当时的情境获得了这样的理解时,他保持着沉默,但对发生的事情的理解"使我能够……营造一种氛围,让患者感觉到他被对待的方式含有比以前更多的真诚的耐心与共情"(p.216)。

在这个临床情境中,西尔斯意识到,作为自己患者的分析师,他的情感体验的背景中至关重要的一部分是,在这个分析中,他(西尔斯)希望自己是患者。当他回应患者的问题/邀请时,他听出了自己声音中的苦涩,这让他能够将无法思考的情境转化为可思考的内容。这种转化使得西尔斯能够向患者(以非言语的方式)传达,自己对于患者的不可见的(无声的)苦涩的理解,这种苦涩来自患者觉得自己没有权利在自己的分析中做患者。在这里,西尔斯又一次做了这样的心理工作,即将自己的"内部的"情感背景(他希望是自己在被分析)转化为"外部的"(可思考,

能被言语象征化表达的)想法和感受。西尔斯所做的这种心理工作,促
成了分析关系的"氛围"的改变。患者体验中原本无法思考的背景(他觉
得这个分析不是他自己的分析)现在进入了一个持续被西尔斯有意识地
思考以及被患者潜意识地思考的过程中。

　　我将用西尔斯自我分析的一个片段作为最后一个例子来说明,西尔
斯的思考方式在很大程度上由于他独特的将内在体验外化的方式而显
得很特别:

　　多年以来我一直喜欢洗碗,而且经常感觉这是我生命中自己完全能
应付自如的一件事。我一直认为,在我洗碗时,认同了我母亲,她在我童
年时就是这样惯常地洗碗的。直到近几年……我才开始发现,对我母亲
洗碗这件事,我的认同不仅体现在形式上,也体现在精神上。我以前从
未容许自己考虑这种可能性:她也可能长期感到不堪重负,无法应付自
己的生活,以至于洗碗这件事,成了她生命中感觉自己能轻松自如地应
付的那部分。

(p.224)

　　除了西尔斯之外,没人会写出这样的文字——部分原因是这要求作
者如此精妙地掌握一种艺术,即能够深刻地看到看似普通的意识体验的
内部。西尔斯知道一件鲜有分析师知道的事情:只存在一个意识,意识
的潜意识层面体现在意识之中,而非在意识之下或意识之后。悖论的
是,西尔斯在实践层面上了解这一点,并在他呈现的几乎所有临床案例
中运用这一点,但在就我所知的范围内,他从未在自己的写作中讨论过

对意识的这种理论构想。而且，在我前面引用过的文章开篇的那句话里，当西尔斯说潜意识认同存在于意识认同"之后或之下"时，他的观点显然与我这里说的这种对于意识和潜意识之间的关系的理解相抵触。这个句子中的这种对于意识和潜意识体验之间关系的构想（以及紧随其后的海洋植物的比喻）并不符合西尔斯在这篇文章中如此有说服力地阐明地对意识和潜意识体验之间的关系的这种理解。我相信，基于西尔斯在临床工作中展现出来的状态，更准确地反映其观点的说法是，意识和潜意识体验是单一意识的两种品质，我们通过观察意识体验之中有什么，而不是其之后或之下有什么，来进入体验的潜意识维度。

在这段对他洗碗时的心理状态的叙述中，西尔斯多年来一直认为，自己对于洗碗的态度——喜欢洗碗并觉得这是"我生命中自己完全能应付自如的一件事"——是对他母亲洗碗这件事的"形式"上的认同，而非"精神"上的认同。当西尔斯更深入地探究自己洗碗的体验时，读者（以及西尔斯）感到吃惊。他开始意识到自己已经"知道"的事情，其中有一些他此前不知道的部分：他洗碗的体验发生在一个强有力而又不可见的情感背景中，即一种深切的不胜任感。西尔斯将这种原先无法思考的背景转化为可思考的情感内容：

　　我以前从未容许自己考虑这种可能性：她也可能长期感到不堪重负，无法应付自己的生活，以至于洗碗这件事，成了她生命中感觉自己能轻松自如地应付的那部分。

（p.224）

对于新近对自己和他母亲所产生的理解的真实（以及美），西尔斯并不只是通过自己的描述来告诉读者，而是通过唤起的意象展现给读者的。孩提时期的小西尔斯看着母亲站在堆满餐具和洗碗液的水槽旁，这样的画面不仅反映了一个男孩与他抑郁的母亲一起生活的日常体验，还传达了一种情感的浅度（就像深度非常有限的厨房水槽），超越这个程度的情感是他母亲不敢也不能达到的。

西尔斯与比昂

我将简要总结西尔斯的思想与比昂的思想之间的互补性，这是我在写这一章的过程中出乎意料的"发现"。西尔斯的天性让他倾向于不去（或许是不能做到）在比临床理论更抽象的水平上建构他的思想。与之形成鲜明对比的是，致力于发展精神分析理论的比昂，对于怎样在分析情境中运用自己的理论，只为他的读者提供了极少的直观感受。我将以高度浓缩的方式来讨论西尔斯和比昂作品的三个方面，基于这些讨论，我建议，要想充分理解其中任何一位的作品，读者需要同时熟悉两位作者的作品。

容器-所容物

在前面讨论到，当西尔斯面对他的患者让他读患者的女儿写给患者的一封信时，他所采用的工作方式让我产生了一种想法，即我们可以把西尔斯的思考方式看作"将内部体验外化"——他把原本不可见、无法思考的体验的背景转化成体验性的内容，从而让他和患者能就此进行思考和对话。我对西尔斯的做法的隐喻性描述（在我没有意识到的情况下）借用了比昂的（Bion，1962a）容器-所容物的概念。容器-所容物的概念提供了这样一种思考方式：心理内容（想法和感受）可能会淹没和毁坏思考能力（容器）（参见第六章以及奥格登，2004c，对比昂的容器-所容物概念的讨论）。西尔斯的患者可能怀有极其强烈的内疚感，以至于限制了她的思考能力，让她无法去思考一些想法，即自己已经发生了怎样的改变，这种思考能力的受限意味着她没有了可以去对自己的想法做潜意识心理工作的工具。西尔斯能够思考（涵容）关于他自己的类似于患者无法思考的想法，即他在考虑阅读一封并非写给他的信时所感受到的内疚/不安。西尔斯通过告诉患者他的想法，即他猜想患者也觉得这封信件不是写给她的，而帮助患者涵容/思考她自己先前无法思考的想法和感受，即她已经获得了心理上的成长。

通过以这种方式理解西尔斯的作品，我创造出了一种西尔斯的作品中原本没有的视角——也就是这样一种理论构想：在分析互动的每个转折点，都涉及想法和思考能力这二者之间强有力的相互作用。与此同时，西尔斯描述发生在移情-反移情中的情感变化的非凡能力，使得容器-所容物概念在体验层面的应用变得鲜活，而这一点在我看来是比昂无法在他的作品中企及的。

人类对真相的需要

在西尔斯对自己的临床工作的描述中,处处可见他(对待自己以及对待患者)炽烈到令人灼痛的诚实。我马上能想到的例子,包括在本章的讨论中提到的:西尔斯承认,自己在俄狄浦斯移情–反移情体验的激烈影响下,强烈地想要和患者结婚的愿望(尽管来自内部和外部的压力都让他倾向于不去承认);他惊慌不安地意识到,自己对一位男性精神分裂症患者深深的柔情竟然比他对妻子的爱还要多,还有,他能够意识到,在他给患者做的分析中,由于自己不是患者而没有权利详细告诉患者自己的感受,这令他感到苦涩。西尔斯显然认为,直截了当地面对在分析关系中发生的事情的真相,是分析工作中不可或缺的要素,而比昂却在更高的抽象水平上对这样的临床发现进行了理论建构——他提出,人类动机的最根本原则是他需要了解自己亲历的情感体验的真相。"出于对患者福祉的考虑,要求我们不断为他提供真相,就如同食物对他的身体生存一样不可或缺"(Bion,1992,p.99;也见第六章)。没有人能比西尔斯更好地向读者展示,人类对真相的需要在移情–反移情中是怎样呈现的、感受如何,以及这种需要是如何影响分析体验的;而比昂则把这个观点诉诸语言,并将它置于和整个精神分析理论的关系中,为之找到恰当的位置,从而创造出这样一种理解人类处境的方式,在这种理解中,对真相的需要处于核心地位。

对意识体验和潜意识体验之间的关系的重新建构

　　显然,在西尔斯对自己的分析工作的描述中,对分析师的意识体验和潜意识体验之间的关系的构想,与我们通常构想的这二者之间的关系有很大的不同。西尔斯虽然没有明确说出他的构想,但他向读者展示了如何将意识作为一个整体来加以利用——也就是说,在分析情境中创造条件,让分析师可以通过由无缝链接的意识体验和潜意识体验的连续体构成的意识,来觉察在移情-反移情中发生了什么。这些西尔斯通过临床叙述呈现出来的思想,在比昂的作品中被识别出来,并且比昂利用这些认识彻底地改写了拓扑地形模型,革新了精神分析理论。比昂对拓扑地形模型的改写,在最不可能的地方取得了突破性进展;至少对我来说,精神分析理论如果没有了潜意识心理与意识心理是相分离的("在意识之下")这个理念,几乎是无法想象的。而比昂认为,意识和潜意识"心理"这二者不是两个单独的实体,而是单一意识的两个维度。比昂(Bion,1962a)认为,意识和潜意识的划分,只是为了便于观察和思考人类体验而人为构想的一个视角。换句话说,意识和潜意识对同一个实体从不同的角度进行观察时看到的不同方面。无论是否易于被感知,潜意识始终是意识的一个维度,正如星星始终挂在天空中,无论是否被太阳的光芒遮蔽。

　　在西尔斯最早开始描述(写于20世纪50年代和20世纪60年代)自己与慢性精神分裂症患者的工作时,他讲到自己的工作有赖于一种模糊了意识和潜意识体验的界限的心理状态,而几乎是在同一时期,比昂(Bion,1962a)发展了关于"遐想"的概念(一种对自己和对患者的意识/

潜意识体验保持开放接纳的状态)。我们无从分辨,在多大程度上比昂受到了西尔斯的影响,抑或是西尔斯受到了比昂的影响。西尔斯对比昂作品的引用仅限于其早期关于投射性认同的文章,而比昂没有引用任何西尔斯的作品。尽管如此,我希望我已经清楚地展示了这一点:对比昂作品的了解会从理论概念上丰富西尔斯的作品,而熟悉西尔斯的作品则会为阅读比昂的作品注入更充分的生活体验。

新精神分析图书馆

总编:亚历山德拉·莱玛

新精神分析图书馆于1987年与伦敦精神分析学院联合成立。它的前身是国际精神分析图书馆——该图书馆出版了弗洛伊德的许多早期译本,及大多数英国及欧洲大陆精神分析界领军人物的著作。

成立新精神分析图书馆是为了促进对精神分析有更深更广的认识,并为加深精神分析学家与其他学科专家(如社会科学、医学、哲学、历史、语言学、文学和艺术)之间的相互理解提供一个论坛。它旨在同时呈现英国的精神分析和一般的精神分析的不同发展趋势。新精神分析图书馆非常适合向英语世界提供欧洲其他国家的精神分析文章,并增加英美精神分析学者之间的思想交流。在教学系列中,新精神分析图书馆现在还出版了一些书籍,为那些研究精神分析及其相关领域者(如社会科学、哲学、文学和艺术等)提供全面而又通俗易懂的综述。

伦敦精神分析学院与英国精神分析协会一起运营着一家低收费标准的精神分析诊所,组织有关精神分析的讲座和科学活动,并出版《国际精神分析杂志》。它有一个精神分析培训课程,旨在培养国际精神分析协会成员——该协会保留着国际公认的培训标准,专业准入许可以及由西格蒙德·弗洛伊德开创和发展的精神分析职业伦理和实践。该研究所的杰出成员包括迈克尔·巴林特、威尔弗雷德·比昂、罗纳德·费尔贝恩、安娜·弗洛伊德、欧内斯特·琼斯、梅兰妮·克莱因、约翰·里克曼和唐纳德·温尼科特。

《国际精神分析杂志》前总编有达娜·伯克斯特德·布林、大卫·塔克特、伊丽莎白·斯普洛尤斯和苏珊·巴德。

现顾问委员会的成员包括丽兹·阿利森、乔凡娜·迪·切利、罗斯玛丽·戴维斯和理查德·拉斯布里杰。

前顾问委员会的成员包括克里斯托弗·博拉斯、罗纳德·布里顿、卡特琳娜·布隆斯坦、唐纳德·坎贝尔、莎拉·佛兰德斯、斯蒂芬·格罗茨、约翰·基恩、埃格勒·劳费尔、亚历山德拉·莱玛、朱丽叶·米切尔、迈克尔·帕森斯、罗西纳·约瑟夫·佩雷尔伯格、玛丽·塔吉特和大卫·泰勒。

以下是新精神分析图书馆出版的经典图书。

新精神分析图书馆的治疗系列

Impasse and Interpretation Herbert Rosenfeld
Psychoanalysis and Discourse Patrick Mahony
The Suppressed Madness of Sane Men Marion Milner
The Riddle of Freud Estelle Roith
Thinking, Feeling, and Being Ignacio Matte-Blanco
The Theatre of the Dream Salomon Resnik
Melanie Klein Today: Volume 1, Mainly Theory Edited by Elizabeth Bott

Spillius

Melanie Klein Today: Volume 2 , Mainly Practice Edited by Elizabeth Bott Spillius

Psychic Equilibrium and Psychic Change: Selected Papers of Betty Joseph Edited by Michael Feldman and Elizabeth Bott Spillius

About Children and Children–No–Longer: Collected Papers 1942–1980 Paula Heimann. Edited by Margret Tonnesmann

The Freud – Klein Controversies 1941–1945 Edited by Pearl King and Riccardo Steiner

Dream , Phantasy and Art Hanna Segal

Psychic Experience and Problems of Technique Harold Stewart

Clinical Lectures on Klein and Bion Edited by Robin Anderson

From Fetus to Child Alessandra Piontelli

A Psychoanalytic Theory of Infantile Experience: Conceptual and Clinical Reflections E. Gaddini. Edited by Adam Limentani

The Dream Discourse Today Edited and introduced by Sara Flanders

The Gender Conundrum: Contemporary Psychoanalytic Perspectives on Feminitity and Masculinity Edited and introduced by Dana Breen

Psychic Retreats John Steiner

The Taming of Solitude: Separation Anxiety in Psychoanalysis Jean–Michel Quinodoz

Unconscious Logic: An Introduction to Matte–Blanco's Bi–logic and its Uses Eric Rayner

Understanding Mental Objects Meir Perlow

Life , Sex and Death: Selected Writings of William Gillespie Edited and introduced by Michael Sinason

What Do Psychoanalysts Want? The Problem of Aims in Psychoanalytic Therapy Joseph Sandler and Anna Ursula Dreher

Michael Balint: Object Relations, *Pure and Applied* Harold Stewart

Hope: A Shield in the Economy of Borderline States Anna Potamiano

Psychoanalysis, *Literature and War: Papers 1972 – 1995* Hanna Segal

Emotional Vertigo: Between Anxiety and Pleasure Danielle Quinodoz

Early Freud and Late Freud Ilse Grubrich–Simitis

A History of Child Psychoanalysis Claudine and Pierre Geissmann

Belief and Imagination: Explorations in Psychoanalysis Ronald Britton

A Mind of One's Own: A Kleinian View of Self and Object Robert
A. Caper

Psychoanalytic Understanding of Violence and Suicide Edited by Rosine
Jozef Perelberg

On Bearing Unbearable States of Mind Ruth Riesenberg–Malcolm

Psychoanalysis on the Move: The Work of Joseph Sandler Edited by Peter
Fonagy, Arnold M. Cooper and Robert S. Wallerstein

The Dead Mother: The Work of André Green Edited by Gregorio Kohon

The Fabric of Affect in the Psychoanalytic Discourse André Green

The Bi–Personal Field: Experiences of Child Analysis Antonino Ferro

The Dove that Returns, *the Dove that Vanishes: Paradox and Creativity in
Psychoanalysis* Michael Parsons

Ordinary People, *Extra–ordinary Protections: A Post–Kleinian Approach to
the Treatment of Primitive Mental States* Judith Mitrani

The Violence of Interpretation: From Pictogram to Statement Piera
Aulagnier

The Importance of Fathers: A Psychoanalytic Re–Evaluation Judith Trowell
and Alicia Etchegoyen

Dreams That Turn Over a Page: Paradoxical Dreams in Psychoanalysis
Jean–Michel Quinodoz

The Couch and the Silver Screen: Psychoanalytic Reflections on European

Cinema Edited and introduced by Andrea Sabbadini

In Pursuit of Psychic Change: The Betty Joseph Workshop Edited by Edith Hargreaves and Arturo Varchevker

The Quiet Revolution in American Psychoanalysis: Selected Papers of Arnold M. Cooper Arnold M. Cooper. Edited and introduced by Elizabeth L. Auchincloss

Seeds of Illness and Seeds of Recovery: The Genesis of Suffering and the Role of Psychoanalysis Antonino Ferro

The Work of Psychic Figurability: Mental States Without Representation César Botella and Sára Botella

Key Ideas for a Contemporary Psychoanalysis: Misrecognition and Recognition of the Unconscious André Green

The Telescoping of Generations: Listening to the Narcissistic Links Between Generations Haydée Faimberg

Glacial Times: A Journey Through the World of Madness Salomon Resnik

This Art of Psychoanalysis: Dreaming Undreamt Dreams and Interrupted Cries Thomas H. Ogden

Psychoanalysis as Therapy and Storytelling Antonino Ferro

Psychoanalysis and Religion in the 21st Century: Competitors or Collaborators? Edited by David M. Black

Recovery of the Lost Good Object Eric Brenman

The Many Voices of Psychoanalysis Roger Kennedy

Feeling the Words: Neuropsychoanalytic Understanding of Memory and the Unconscious Mauro Mancia

Projected Shadows: Psychoanalytic Reflections on the Representation of Loss in European Cinema Edited by Andrea Sabbadini

Encounters with Melanie Klein: Selected Papers of Elizabeth Spillius Elizabeth Spillius. Edited by Priscilla Roth and Richard Rusbridger

Constructions and the Analytic Field: History , Scenes and Destiny
Domenico Chianese
Yesterday , Today and Tomorrow Hanna Segal
Psychoanalysis Comparable and Incomparable: The Evolution of a Method to Describe and Compare Psychoanalytic Approaches David Tuckett et al.
Time , Space and Phantasy Rosine Jozef Perelberg
Mind Works: Technique and Creativity in Psychoanalysis Antonino Ferro
Rediscovering Psychoanalysis: Thinking and Dreaming , Learning and Forgetting Thomas H. Ogden

新精神分析图书馆的教育系列

Reading Freud: A Chronological Exploration of Freud's Writings
Jean-Michel Quinodo

致　谢

感谢英国伦敦精神分析学院授权发表以下论文：

第二章的基础是《论通过谈话做梦》(*On talking-as-dreaming*)，发表于国际精神分析期刊，88：575-589，2007，©伦敦精神分析学院。

第三章的基础是《论精神分析督导》(*On psychoanalytic supervision*)，发表于《国际精神分析期刊》，86：1265-1280，2005，©伦敦精神分析学院。

第四章的基础是《论精神分析教学》(*On teaching psychoanalysis*)，发表于国际精神分析期刊，87：1069-1085，2006，©伦敦精神分析学院。

第五章的基础是《分析风格的要素：比昂的系列临床研讨会》(*Elements of analytic style：Bion's clinical seminars*)，发表于国际精神分析期刊，88：1185-1200，2007，©伦敦精神分析学院。

第七章的基础是《阅读罗伊沃尔德：重构俄狄浦斯理论》(*Reading Loewald：Oedipus reconceived*)，发表于国际精神分析期刊 87：651-666，2006，©伦敦精神分析学院。

第八章的基础是《阅读哈罗德·西尔斯》(*Reading Harold Searles*)，发表于国际精神分析期刊，88：353-369，2007，©伦敦精神分析学院。

感谢玛尔塔·施耐德·布洛迪(Marta Schneider Brody)对本书各章手稿提出的宝贵意见。感谢帕特丽夏·马拉(Patricia Marra)在本书制作过程中投入的心力和提出的想法。还要感谢汤姆·理查森(Tom Richardson)制作了本书[1]的封面图,它是由沙特尔大教堂(the Chartres Cathedral)地板上的石头迷宫的照片镶嵌拼接组成的。

1　指英文原版。——译者注

参考文献

Anderson, A. and McLaughlin, F. (1963) Some observations on psycho-analytic supervision. *Psychoanalytic Quarterly*, 32:77–93.

Baudry, F. D. (1993) The personal dimension and management of the super-visory situation with a special note on the parallel process. *Psychoanalytic Quarterly*, 62:588–614.

Berger, J. and Mohr, J. (1967) *A Fortunate Man: The Story of a Country Doctor*. New York: Pantheon.

Berman, E. (2000) Psychoanalytic supervision: The intersubjective develop-ment. *International Journal of Psychoanalysis*, 81:273–290.

Bion, W. R. (1948–1951) Experiences in groups. In *Experiences in Groups and Other Papers* (pp.27–137). New York: Basic Books, 1959.

Bion, W. R. (1952) Group dynamics: A review. *International Journal of Psychoanalysis*, 33:235–247.

Bion, W. R. (1957) Di ff erentiation of the psychotic from the non-psychotic personalities. In *Second Thoughts* (pp.43–64). New York: Aronson, 1967.

Bion, W. R. (1959) *Experiences in Groups and Other Papers*. New York: Basic Books.

Bion, W. R. (1962a) Learning from Experience. In *Seven Servants*. New

York：Aronson，1975.

Bion，W.R.（1962b）A theory of thinking.In *Second Thoughts*（pp.110–119）.New York：Aronson.

Bion，W.R.（1963）Elements of Psycho–Analysis.In *Seven Servants*.New York：Aronson，1975.

Bion，W. R.（1967）Notes on the theory of schizophrenia. In *Second Thoughts*（pp.23–35）.New York：Aronson.

Bion，W.R.（1970）Attention and Interpretation.In *Seven Servants*.New York：Aronson，1975.

Bion，W.R.（1987）Clinical seminars.In F.Bion（ed.）,*Clinical Seminars and Other Works*（pp.1–240）.London：Karnac.

Bion，W.R.（1992）*Cogitations*,F.Bion（ed.）.London：Karnac.

Borges，J.L.（1923）*Fervor de Buenos Aires*.Privately printed.Excerpts in English in *Jorge L.Borges：Selected Poems*,A.Coleman（ed.）（pp.1–32）.New York：Viking，1999.

Borges，J.L.（1962）Kafka and his precursors.In J.Irby（trans.）and D. Yates and J. Irby（eds.）,*Labyrinths：Selected Stories and Other Writings*（pp.199–201）.New York：New Directions.

Borges，J.L.（1970a）Preface.In N.T.Di Giovanni（trans.）,*Dr Brodie's Report*（pp.11–14）.London：Penguin，1976.

Borges，J.L.（1970b）An autobiographical essay.In N.T.Di Giovanni（ed. and trans.）,*The Aleph and Other Stories*，1933–1969（pp.203–262）.New York：Dutton.

Borges，J. L.（1980）*Seven Nights*,E.Weinberger（trans.）.New York：New Directions，1984.

Borges，J.L.（1984）*Twenty–Four Conversations with Borges*（Including a Selection of Poems）.*Interviews with Roberto Alifano* 1981–1983，N. S.

Arauz, W. Barnstone and N. Escandell (trans.). Housatonic, MA: Lascaux Publishers.

Breuer, J. and Freud, S. (1893–1895) *Studies on Hysteria.* SE 2. (*The Standard Edition of the Complete Psychological Works of Sigmund Freud.* J. Strachey [ed. and trans.]. London: Hogarth Press, 1974.)

Chodorow, N. (2003) The psychoanalytic vision of Hans Loewald. *International Journal of Psychoanalysis*, 84: 897–913.

Chomsky, N. (1968) *Language and Mind.* New York: Harcourt, Brace and World.

Coetzee, J.M. (1983) *Life & Times of Michael K.* New York: Penguin.

Coetzee, J.M. (1990) *The Age of Iron.* New York: Penguin.

Coetzee, J.M. (1999) *Disgrace.* New York: Penguin.

Davis, L. (2007) What you learn about the baby. In *Varieties of Disturbance* (pp. 115–124). New York: Farrar, Straus and Giroux.

DeLillo, D. (1997) *Underworld.* New York: Scribner.

de M' Uzan, M. (2003) Slaves of quantity. *Psychoanalytic Quarterly*, 72: 711–725. ([1984] Les esclaves de la quantité. *Nouvelle Revue Psychanalyse*, 30: 129–138.)

Doehrman, M.J. (1976) Parallel processes in supervision and psychotherapy. *Bulletin of the Menninger Clinic*, 40: 3–104.

Epstein, L. (1986) Collusive selective inattention to the negative impact of the supervisory interaction. *Contemporary Psychoanalysis*, 22: 389–409.

Freud, S. (1900) *The Interpretation of Dreams.* SE 4–5.

Freud, S. (1905) Three essays on the theory of sexuality. SE 7.

Freud, S. (1909) Analysis of a phobia in a five-year-old. SE 10.

Freud, S. (1910) A special type of object choice made by men (Contributions to a psychology of love I). SE 11.

Freud, S. (1911) Formulations on the two principles of mental functioning.SE 12.

Freud, S. (1916–1917) *Introductory Lectures on Psycho-Analysis*. SE 15–16.Freud, S.(1917) Mourning and melancholia.SE 14.

Freud, S.(1921) *Group Psychology and the Analysis of the Ego*.SE 18.

Freud, S.(1923) *The Ego and the Id*.SE 19.

Freud, S.(1924) The dissolution of the Oedipus complex.SE 19.

Freud, S. (1925) Some psychical consequences of the anatomical distinction between the sexes.SE 19.

Frost, R.(1939) The figure a poem makes.In R.Poirier and M.Richardson (eds.), *Robert Frost: Collected Poems, Prose and Plays* (pp.776–778). New York:Library of America, 1995.

Frost, R.(1942) Never again would birds' song be the same.In R.Poirier and M. Richardson (eds.), *Robert Frost: Collected Poems, Prose and Plays* (p.308).New York:Library of America, 1995.

Gabbard, G.O.(1996) *Love and Hate in the Analytic Setting*.Northvale, NJ:Aronson.

Gabbard, G.O. (1997a) The psychoanalyst at the movies.*International Journal of Psychoanalysis*, 78:429–434.

Gabbard, G.O. (1997b) Neil Jordan's *The Crying Game*.*International Journal of Psychoanalysis*, 78:825–828.

Gabbard, G.O.(2007) "Bound in a nutshell": Thoughts about complexity, reductionism and "infinite space".*International Journal of Psychoanalysis*, 88:559–574.

Gabbard, G.O.and Gabbard, K.(1999) *Psychiatry and the Cinema* (2nd ed.).Washington, DC:American Psychiatric Press.

Gabbard, G.O.and Lester, E.(1995) *Boundaries and Boundary Viola-

*tions in Psychoanalysis.*New York:Basic Books.

Gediman, H.K.and Wolkenfeld, F.(1980) The parallelism phenomenon in psychoanalysis and supervision: Its reconsideration as a triadic system. *Psychoanalytic Quarterly*, 49:234–255.

Gould, G.(1974) *Glenn Gould: The Alchemist.*(A documentary film by B.Monsaingeon).EMI Archive Film.

Grotstein, J.S.(2000) *Who is the Dreamer who Dreams the Dream? A Study of Psychic Presences.*Hillsdale, NJ:Analytic Press.

Grotstein, J. S. (2007) A *Beam of Intense Darkness: Wilfred Bion's Legacy to Psychoanalysis.*London:Karnac.

Karp, G. and Berrill, N.J. (1981) *Development* (2nd ed.). New York: McGraw–Hill.

Kaywin, R.(1993) The theoretical contributions of Hans W.Loewald. *Psychoanalytic Study of the Child*, 48:99–114.

Klein, M. (1946) Notes on some schizoid mechanisms. In *Envy and Gratitude and Other Works*, 1946–1963 (pp. 1–24). New York: Delacorte Press/Seymour Laurence, 1975.

Langs, R.(1979) *The Supervisory Experience.*New York:Aronson.

Laplanche, J. and Pontalis, J. –B. (1967) Repression. In D. N. Smith (trans.), *The Language of Psychoanalysis* (pp.390–394).New York:Norton, 1973.

Lesser, R.(1984) Supervision: Illusions, anxieties and questions.In L. Caligor, P.M.Bromberg, and J.D.Meltzer (eds.), *Clinical Perspectives on the Supervision of Psychoanalysis and Psychotherapy* (pp.143–152).New York: Plenium, 1984.

Loewald, H.(1979) The waning of the Oedipus complex. In *Papers on Psychoanalysis* (pp.384–404).New Haven, CT:Yale University Press, 1980.

McDougall, J. (1984) The "dis-affected" patient: Reflections on affect pathology.*Psychoanalytic Quarterly*, 53: 386-409.

McKinney, M. (2000) Relational perspectives and the supervisory triad.*Psychoanalytic Psychology*, 17: 565-584.

Meltzer, D. (1983) *Dream-Life*.Perthshire, Scotland: Clunie Press.

Mitchell, S. (1998) From ghosts to ancestors: The psychoanalytic vision of Hans Loewald.*Psychoanalytic Dialogues*, 8: 825-855.

Ogden, T. H. (1979) On projective identification.*International Journal of Psychoanalysis*, 60: 357-373.

Ogden, T. H. (1980) On the nature of schizophrenic conflict.*International Journal of Psychoanalysis*, 61: 513-533.

Ogden, T. H. (1982) *Projective Identification and Psychotherapeutic Technique*.New York: Jason Aronson/London: Karnac.

Ogden, T. H. (1986a) *The Matrix of the Mind: Object Relations and the Psychoanalytic Dialogue*.Northvale, NJ: Aronson/London: Karnac.

Ogden, T. H. (1986b) Instinct, phantasy and psychological deep structure in the work of Melanie Klein.In *The Matrix of the Mind: Object Relations and the Psychoanalytic Dialogue* (pp. 9-39). Northvale, NJ: Aronson/London: Karnac.

Ogden, T. H. (1987) The transitional oedipal relationship in female development.*International Journal of Psychoanalysis*, 68: 485-498.

Ogden, T. H. (1989a) The schizoid condition.In *The Primitive Edge of Experience* (pp.83-108).Northvale, NJ: Aronson/London: Karnac.

Ogden, T. H. (1989b) The concept of an autistic-contiguous position.*International Journal of Psychoanalysis*, 70: 127-140.

Ogden, T. H. (1989c) *The Primitive Edge of Experience*.Northvale, NJ: Aronson/ London: Karnac.

Ogden, T. H. (1994) The analytic third – working with intersubjective clinical facts.*International Journal of Psychoanalysis*, 75:3–20.

Ogden, T. H. (1997a) Reverie and interpretation.*Psychoanalytic Quarterly*, 66:567–595.

Ogden, T. H. (1997b) Reverie and Interpretation: *Sensing Something Human.*Northvale, NJ: Aronson/London: Karnac.

Ogden, T.H. (1997c) Listening: Three Frost poems.*Psychoanalytic Dialogues*, 7:619–639.

Ogden, T.H. (1997d) Some thoughts on the use of language in psychoanalysis.*Psychoanalytic Dialogues*, 7:1–21.

Ogden, T.H. (1998) A question of voice in poetry and psychoanalysis. *Psychoanalytic Quarterly*, 67:426–448.

Ogden, T.H. (1999) "The music of what happens" in poetry and psychoanalysis.*International Journal of Psychoanalysis*, 80:979–994.

Ogden, T.H. (2000) Borges and the art of mourning.*Psychoanalytic Dialogues*, 10:65–88.

Ogden, T.H. (2001a) Reading Winnicott.*Psychoanalytic Quarterly*, 70:279–323.Ogden, T.H. (2001b) An elegy, a love song and a lullaby.*Psychoanalytic Dialogues*, 11:293–311.

Ogden, T. H. (2002) A new reading of the origins of object–relations theory.*International Journal of Psychoanalysis*, 83:767–782.

Ogden, T.H. (2003a) On not being able to dream.*International Journal of Psychoanalysis*, 84:17–30.

Ogden, T. H. (2003b) What's true and whose idea was it? *International Journal of Psychoanalysis*, 84:593–606.

Ogden, T. H. (2004a) This art of psychoanalysis: Dreaming undreamt dreams and interrupted cries. *International Journal of Psychoanalysis*, 85:

857–877.

Ogden, T. H. (2004b) An introduction to the reading of Bion. *International Journal of Psychoanalysis*, 85:285–300.

Ogden, T. H. (2004c) On holding and containing, being and dreaming. *International Journal of Psychoanalysis*, 85:1349–1364.

Ogden, T. H. (2005a) *This Art of Psychoanalysis: Dreaming Undreamt Dreams and Interrupted Cries.* (New Library of Psychoanalysis.) London and New York: Routledge.

Ogden, T. H. (2005b) On psychoanalytic writing. *International Journal of Psychoanalysis*, 86:15–29.

Plato (1997) Phaedrus. In J. M. Cooper (ed.), *Plato: Complete Works* (pp.506–556). Indianapolis, IN: Hackett.

Poe, E. A. (1848) To —— . In *The Complete Tales and Poems of Edgar Allan Poe* (p.80). New York: Barnes and Noble, 1992.

Pritchard, W. H. (1994) Ear training. In *Playing It by Ear: Literary Essays and Reviews* (pp. 3–18). Amherst, MA: University of Massachusetts Press.

Sandler, J. (1976) Dreams, unconscious fantasies and 'identity of perception'. *International Review of Psychoanalysis*, 3:33–42.

Searles, H. (1955) The informational value of the supervisor's emotional experiences. In *Collected Papers on Schizophrenia and Related Subjects* (pp.157–176). New York: International Universities Press, 1965.

Searles, H. (1959) Oedipal love in the countertransference. In *Selected Papers on Schizophrenia and Related Subjects* (pp.284–303). New York: International Universities Press, 1965.

Searles, H. (1990) Unconscious identification. In L. B. Boyer and P. Giovacchini (eds.), *Master Clinicians: On Treating the Regressed Patient* (pp.211-226).Northvale,NJ:Aronson.

Slavin,J.(1998) Influence and vulnerability in psychoanalytic supervision and treatment.*Psychoanalytic Psychology*,15:230-244.

Springmann,R.R.(1986) Countertransference clarification in supervision.*Contemporary Psychoanalysis*,22:252-277.

Stimmel,B.(1995) Resistance to the awareness of the supervisor's transference with special reference to parallel process.*International Journal of Psychoanalysis*,76:609-618.

Tower,L.E.(1956) Countertransference.*Journal of the American Psychoanalytic Association*,4:224-255.

Tustin,F.(1981) *Autistic States in Children*.Boston:Routledge and Kegan Paul.Weinstein,A.(1998) Audio tape 1.In *Classics in American Literature*.Chantilly,VA:Teaching Company.

Williams,W.C.(1984a) *The Doctor Stories*.New York:New Directions.

Williams,W.C.(1984b) The girl with a pimply face.In *The Doctor Stories*(pp.42-55).New York:New Directions.

Williams,W.C.(1984c) The use of force.In *The Doctor Stories* (pp.56-60).New York:New Directions.

Winnicott,D.W.(1945) Primitive emotional development. In *Through Paediatrics to Psycho-Analysis* (pp.145-156).New York:Basic Books,1975.

Winnicott,D.W.(1947) Hate in the countertransference. In *Through Paediatrics to Psycho-Analysis* (pp.194-203).New York:Basic Books,1975.

Winnicott,D.W.(1951) Transitional objects and transitional phenomena.In *Playing and Reality* (pp.1-25).New York:Basic Books,1971.

Winnicott,D.W.(1956) Primary maternal preoccupation. In *Through Paediatrics to Psycho-Analysis* (pp.300-305).New York:International Universities Press,1975.

Winnicott, D.W. (1960) The theory of the parent–infant relationship.In *The Maturational Processes and the Facilitating Environment* (pp. 33–55). New York:International Universities Press, 1965.

Winnicott, D.W. (1964) *The Infant, the Child and the Outside World.* Baltimore, MD:Pelican.

Winnicott, D.W. (1968) The use of an object and relating through iden- tifications.In *Playing and Reality* (pp.86–94).New York:Basic Books, 1971.

Winnicott, D. W. (1971) Playing: A theoretical statement. In *Playing and Reality* (pp.38–52).New York:Basic Books.

Wolkenfeld, F. (1990) The parallel process phenomenon revisited: Some additional thoughts about the supervisory process.In R.C.Lane (ed.), *Psychoanalytic Approaches to Supervision* (pp.95–109).New York:Brunner/ Mazel.

Yerushalmi, H. (1992) On the concealment of the interpersonal thera- peutic reality in the course of supervision.*Psychotherapy*, 29:438–446.

图书在版编目（CIP）数据

重新发现精神分析:思考与做梦,学习与遗忘 /
(美) 托马斯·H.奥格登 (Thomas H. Ogden) 著;殷一
婷,何雪娜,周洁文译 . -- 重庆:重庆大学出版社,
2023.11

（鹿鸣心理 . 西方心理学大师译丛）

书名原文:Rediscovering Psychoanalysis:
Thinking and Dreaming,Learning and Forgetting

ISBN 978-7-5689-4197-6

Ⅰ.①重… Ⅱ.①托… ②殷… ③何… ④周… Ⅲ.
①精神分析—研究 Ⅳ.①B841

中国国家版本馆 CIP 数据核字(2023)第 210837 号

重新发现精神分析
——思考与做梦,学习与遗忘

CHONGXIN FAXIAN JINGSHENFENXI
——SIKAO YU ZUOMENG,XUEXI YU YIWANG

[美] 托马斯 · H. 奥格登 （Thomas H.Ogden ）　著
殷一婷　何雪娜　周洁文　译

鹿鸣心理策划人：王　斌
责任编辑：赵艳君
版式设计：赵艳君
责任校对：谢　芳
责任印制：赵　晟

重庆大学出版社出版发行
出版人：陈晓阳
社址：（401331）重庆市沙坪坝区大学城西路 21 号
网址：http：//www.cqup.com.cn
印刷：重庆升光电力印务有限公司

开本：720mm×1020mm　1/16　印张：14.25　字数：166 千
2023 年 12 月第 1 版　2023 年 12 月第 1 次印刷
ISBN 978-7-5689-4197-6　定价：78.00 元

版贸核渝字(2017)第 257 号